中国孝文化丛书

以孝选官
——孝与古代选官制度

张 晓 侯吉庆 著

中国国际广播出版社

图书在版编目（CIP）数据

以孝选官：孝与古代选官制度 / 张晓，侯吉庆著.
北京：中国国际广播出版社，2014.1（2019.6重印）
（中国孝文化丛书）
ISBN 978-7-5078-3675-2

Ⅰ.①以… Ⅱ.①张…②侯… Ⅲ.①孝—文化研究—中国—古代②官制—研究—中国—古代 Ⅳ.①B823.1②D691.42

中国版本图书馆CIP数据核字（2013）第249206号

以孝选官——孝与古代选官制度

著　　者	张　晓　侯吉庆
责任编辑	廖小芳　张娟平
版式设计	国广设计室
责任校对	徐秀英

出版发行	中国国际广播出版社（83139469　83139489[传真]）
社　　址	北京市西城区天宁寺前街2号北院A座一层 邮编：100055
网　　址	www.chirp.com.cn
经　　销	新华书店
印　　刷	河北锐文印刷有限公司

开　本	640×940　1/16
字　数	120千字
印　张	11.5
版　次	2014年1月　北京第一版
印　次	2019年6月　第二次印刷
定　价	17.60元

版权所有
盗版必究

出版说明

孝是中华民族的传统美德，是千百年来中国社会维系家庭关系的道德准则。在中国人的心目中，孝是立身之本，是家庭和睦之本，是国家安康之本，也是人类延续之本。

在我们今天的社会生活中，因为孝文化意识的淡漠而引发的矛盾和纠纷层出不穷：子女虐待老人；因赡养问题父母与子女对簿公堂；子女殴打老父老母甚至弑父弑母的骇人听闻、丧尽天良的恶劣事件时有发生，这极大地阻碍了社会主义精神文明建设，甚至影响到了社会的稳定与发展。这决非故意夸大孝的作用和功能，而是一个不容忽视的事实！先圣云："忠良出孝门"。一个连自己的爹娘都不孝顺的人，他怎么可能去真心地爱他人、爱社会，如何能够勇敢地担负起时代所赋予的责任呢？

孝与慈，是国人的基本道德规范。慈指的是父母对儿女的责任和义务。在独生子女时代，父母的慈可谓是达到了登峰造极的地步，对孩子是捧在手里怕摔了，含在嘴里怕化了，惟恐自己的孩子受到一丝一毫的委屈，心甘情愿让孩子做皇帝，自己做奴隶，甘愿代替孩子承受所有的痛苦与不幸，恰恰是这种畸形的慈爱，造成了现在越来越多的"啃老族"、"拼爹者"。面对这种现实，加强孝的教育，已刻不容缓。

在当今社会，由于人均寿命不断延长，人口老龄化的问题已经成为21世纪中国面临的一大挑战。我国现在有一亿多60岁以上的老年人，我们已经进入老龄化社会，养老问题已成为整个社会的重大问题。据有关统计和预测，到2025年，我国的老年人口将达2.8亿，占当时人口的20%，比世界平均水平高出近7%。面对未富先老的未来局势，我国当前的经济发展水平还不足以完全解决老年人的生活物质需要，这就决定了家庭养老仍然是社会养老体系的最主要方式。而如今社会中，许多年轻人对孝敬老人采取漠视的态度，或者错误地认为孝道就是封建道德糟粕，不需要继承和发扬，少数人甚至以不孝为荣，这种观念和趋势的发展值得警惕。面对着日益加快的老龄化进程，重振孝道迫切而必要。

弘扬孝文化，对于敬亲孝亲、养老事业的发展、人际关系的和睦、社会的稳定都有重大的现实意义。甚至对我们国家来说，与时俱进地赋予孝以新的内容和时代精神，确立其在中国特色社会主义新文化中的地位，发挥其在社会主义和谐社会的构建和"中国梦"的实现中的重要价值都有重要的战略意义。

正是基于以上种种原因，我社组织编写了这套全面系统展示中国孝文化的读物。本着通俗易懂，理论与实践相结合的原则，对孝文化进行多方面解读，分别从孝与家国伦理、孝与社会风俗、孝与古代教育、孝与古代法律、孝与古代选官制度、孝与古代旌表制度、孝与古代丁忧制度、孝与古代养老八个方面进行了详细的论述。我们希望通过这套中国孝文化丛书的出版，能够对当代中国人的孝意识的增强起到积极的作用。

孝，作为中国传统文化的一个重要组成部分，其蕴含的内容是博大而精深的，而我们所做的仅仅是揭开了冰山的一角，还有更多的内容值得我们去探索和研究。此外，对于本套丛书存在的不妥之处，还希望各界人士不吝赐教。

前　言

　　孝是中国独具特色的一种文化表现，"百善孝为先"，中华民族的孝文化历史悠久，博大精深。在古代文化的漫漫长河中，"孝文化"以其独有的魅力和精神底蕴而备受推崇，成为中国传统文化中最璀璨、最具有生命力的一颗明珠。作为中华民族具有强大凝聚力和向心力的传统"孝文化"，其发展得力于先秦思想家和历朝历代学者的阐述，当然也离不开贤明帝王的支持和推崇。那么"孝文化"的初始含义是什么？它产生于何时？为何又会对后世的选官制度产生了深远影响？这是我们首先要从历史现象的角度予以探讨和挖掘的。

　　据考证，"孝"字最早见于商代卜辞，东汉大经学家许慎认为："孝"是由"老"与"子"上下结构组成的会意字，意思是青年人扶着老年人，仅仅从字的构成结构中即可感受到浓浓的血缘之情，这是人类感情中最质朴、最自然的状态。谈到"孝"，可追溯到原始社会以血缘关系为纽带的父系氏族公社时期。有史料记载，在传说中的尧舜禹时代，就有以孝教民的事实，而虞舜因孝感动天地而名列"二十四孝"之首。当然，这一时期由于生产力水平低下，孝文化也仅仅是处于萌芽状态，只是一种朴素的、自发的血缘情感，因此影响力并不大。夏朝和殷商时期，神鬼宗教意识主导着人们的思想观念，因此这一时期的孝还是模糊的、蒙眬的。孝文化真正走出雏形，慢慢走向成熟则是在周代。

西周时期，孝的观念已相当流行。但由于受严格的宗法制度的限制，孝文化依然笼罩在宗教意识之下，这一时期的孝主要表现为"追孝"与"享孝"，以周天子为首的大宗小宗们则借助祭祀宗祖的方式来维护其统治地位。

春秋战国时期，礼崩乐坏，宗祖式家族趋于解体，人们对神鬼的敬畏感明显淡化，加上诸子百家，特别是儒家对孝的阐述，使孝的内涵得到了进一步的延伸，伦理、道德之孝日益压过祭祀之孝，成为孝观念的主流。孔子是儒家孝道的理论鼻祖，他深切感受到伦理、道德之孝在家庭生活与社会生活中的巨大作用，因此，把"孝"作为实行"仁"的根本，同时确立了"孝"对于所有人的道德要求的普遍性，"孝"也从此成为协调亲子关系的伦理规范，并成为古代社会宗法道德的基础。作为孔子思想的继承者，孟子也把孝悌视为基本的道德规范。但是，孟子在孔子学说的基础上，对"孝"的观念有了更进一步的发展。孟子的"孝"思想中更多地渗透了他自己的政治理想，他的孝治思想主张孝道与治道的统一，也使儒家孝道进一步蒙上了浓重的政治色彩。

由孔子到孟子，"孝"的内涵由家庭、道德伦理慢慢走向政治、道德二重化。孝道与治道开始慢慢地融合，并成为历代帝王和圣贤们追求的最高境界。"修身、齐家、治国、平天下"，这是儒家所描述的理想模式，把"孝"由家庭推向社会，把个人的伦理道德升华为治国平天下，这也是儒家学说成为后世正统思想的奥妙所在。

尽管先秦时期孝文化已经有了很大发展，并且这一时期孝的含义和孝道理论更加丰富和全面，但是这一时期"孝治天下"的观念仅仅还停留在理论层面，抑或是一种理想中的境界。因此，就选官制度来看，先秦时期"以孝选官"尚处于萌芽状态，这一时期主要的选官制度是禅让制、世卿世禄制、选贤任能制等，但是不可否认的是，在这些选官制度下，"以孝选官"的观念已经在慢慢酝酿，并且生根发芽了。

汉代是中国封建社会的快速上升期，在这个阶段，政治、经济、文化、军事各个方面都有了很大的发展。单独看文化领域，汉代是中国传统文化全面定型的时期，也是孝文化发展过程中极为重要的一个阶段。西汉时期，弘扬儒家孝德观念的《孝经》流行，孝文化有了完整的理论体系。这一时期建立起了以孝为核心的社会统治秩序，"以孝治天下"的思想逐渐走向理论化、系统化。汉代皇帝除了汉高祖刘邦和汉光武帝刘秀外，都以"孝"为谥号，这也从另一个侧面体现出汉朝统治者对"孝"的推崇。在选官制度上，更是体现出对孝的提倡。汉惠帝、吕后开汉代"举孝授官"之先河，从此，"以孝选官"蔚然成风。汉武帝时创立了"举孝廉"的官吏选拔制度，注重为官者的孝德品行，使"孝"的观念进一步社会化、政治化，成为普通百姓步入仕途的潜在政治资源。但是不可否认的是，这种选官制度在巩固封建皇权的同时，也有着难以克服的弊端。如在选官过程中出现的任人唯亲的局面，所选拔的人才有名无实，只是徒有虚名的"伪孝者"。这些人混迹于官场之中，对整个封建官僚统治秩序产生了很坏的影响。

汉代以后，"以孝选官"的现象承袭相沿，继续存在于历代选官的体系中。但是由于九品中正制、科举制等新的选官制度的出现，加上在魏晋至隋唐五代这七百余年间，孝道观念时而淡薄时而强化，因此"以孝选官"的分量有所降低。尽管如此，各朝统治者依然坚持了汉代"以孝治天下"的精神，将"以孝选官"作为主流选官制度的重要补充。如，隋炀帝继续实施"举孝廉"的制度，唐朝时设"孝悌廉让科"和"孝悌力田科"，并正式将"以孝选官"纳入到了科举考试中，将"孝"作为选拔官员的重要品德标准。

宋元明清时期，孝文化发展到极致，孝道沦为强化君主独裁、父权专制的工具，统治者所倡导的是"愚忠愚孝"，孝道走向了畸形发展的道路，在实践上走向极端愚昧化。与此相适应的，这一时期尽管也沿袭了之前的"以孝选官"，但由于孝道内涵的变化，致使在"以孝选官"中夹杂了很多不和谐的因素，如伤身割肉尽孝的行为得到了政府的肯定，大大刺激了民间这种以孝求官的陋俗的盛行。此类行为看似是大孝，但实际上违背了尽孝的本义。在封建"孝治"观念的扭曲下，"以孝选官"在实践过程中大打折扣，也暴露出了更多的弊端。归根结底，这是封建国家"以孝治天下"本身的缺陷所造成的。

综上所述，"以孝选官"思想从先秦时的萌芽状态到秦汉时期的蔚然成风，再到魏晋之后的承袭相沿，体现了孝观念从宗教、家庭、道德伦理趋向于政治化、理论化。儒家人伦关系中的孝德观念，在这种日趋政治化的影响下，变成了一种极为有效的潜在的政治资源，成为"士人"步入仕途的有效捷径，亦可作为官场中擢职升迁的阶梯。这是中国古代"以孝治天下"付诸实践的必然结果。

目 录

第一章 "孝",没那么简单——古代为何以"孝"选官 ……………………………………（1）

一 "孝"是诸德之本 …………………………………（1）
二 "孝"是修身立身之基础 …………………………（6）
三 "孝"是齐家治家之良方 …………………………（8）
四 "孝"是君主治国之道 ……………………………（10）
五 "孝"与"忠"相得益彰 …………………………（13）

第二章 以"孝"选官初露端倪——先秦选官制度中"孝"思想的萌芽 ……………（16）

一 虞舜以孝赢天下——禅让制中隐含的"孝" ……（20）
二 "才能"固重要,"贤德"不可抛——选贤任能制下的"孝"思想 ………………………（22）
三 孔子做官的深层剖析——为尽"孝"道 …………（26）
四 赵威后眼中的"孝"与选官 ………………………（29）
五 "润物细无声"——儒家"孝道"对选官制度的影响 ……………………………………（31）
六 《吕氏春秋》中蕴含的选官思想 …………………（34）

第三章 "孝治天下"——秦汉时期以孝选官蔚然成风 (38)

一 汉惠帝、吕后开汉代"举孝授官"之先河 (38)
二 从"缇萦救父"看汉文帝对"孝"的态度 (41)
三 做官也有捷径——汉武帝之"举孝廉" (42)
四 谁说年龄不是问题？——汉顺帝对"举孝"的年龄限制 (45)
五 为已死皇帝守陵而得官——最为荒诞的以孝选官 (47)
六 徒有虚名的孝——"举孝廉，父别居" (49)
七 "举孝"也担风险——官员"举孝失职"，亦受惩处 (52)
八 "与时俱进"——汉代举孝选官政策的调整 (54)
九 名医华佗为何拒绝以"孝廉"入仕？ (57)
十 《孝经》对汉代选官制度的影响 (60)

第四章 "非主流"——魏晋南北朝时期的以孝选官 (64)

一 以孝为标准的选官制度 (64)
二 孝悌观念的深入人心 (68)
三 结语 (77)

第五章 "孝义道德"隐藏下的现实政治利益——隋唐时期的以孝选官 (79)

一 冠以"孝悌"名称的考试科目——孝悌廉让科和孝悌力田科 (84)

二　传统"唯孝唯悌"选官方式的延续 …………………（88）
　　三　赐官于孝子——家族的孝悌声誉对以孝
　　　　选官的影响 ………………………………………（90）
　　四　官员孝行卓著助其步步高升 …………………（92）
　　五　韦氏兄弟孝德卓著得官运亨通 ………………（94）
　　六　官场中扭曲人性的孝 …………………………（95）
　　七　白居易母亡作诗惨遭贬官 ……………………（97）

第六章　"承袭相沿"——宋元时期的以孝选官 ……（100）

　　一　孝德与才学兼具——宋朝"孝悌"选官的
　　　　重要原则 …………………………………………（100）
　　二　孝悌行为与仕途命运 …………………………（106）
　　三　包青天的孝行孝道 ……………………………（112）
　　四　丁忧制度与选官 ………………………………（115）

第七章　明清时期的以孝选官 ……………………（121）

　　一　明朝的孝文化 …………………………………（121）
　　二　明清时期孝文化的发展 ………………………（135）
　　三　明清时期以孝选官 ……………………………（142）
　　四　明清时期官吏的尽孝问题 ……………………（145）

第八章　以孝选官的批判性继承与其时代价值 ……（151）

　　一　批判性地继承孝文化 …………………………（151）
　　二　孝文化的时代价值 ……………………………（157）

参考文献 ……………………………………………（166）

第一章 "孝",没那么简单——古代为何以"孝"选官

一 "孝"是诸德之本

孝是中国传统道德的重要组成部分,没有它,中国就没有所谓的伦理道德。中国传统的伦理实际上是三位一体,血缘——宗法——政治伦理的统一。孝从产生之初,就被血缘之情和宗法意识打上了深深的烙印。汉朝时期,推崇"以孝治天下",统治者将"孝治"从理论设想正式推向了实践的舞台。由此看来,孝本来就是维系血缘之情的纽带,又是作为人修身立身的根本,同时,孝还是君主治理天下、巩固统治的重要手段,因此可以说,孝是修身养性之基础、齐家治家之良方、君主治国之根基。

在传统社会的发展过程中,孝的观念随着历代学者的阐述和统治者的推崇而逐渐渗透到中国文化的各个方面、各个领域。如选官制度、古代法律、古代教育,等等,这恰恰从另一个侧面证明了"孝"在传统道德中的影响力。

(一) 孝是儒家伦理的核心

中国文化博大精深,包罗万象,文化的中心当属儒学。当儒学思想成为封建社会的正统思想后,孝道则理所当然地成为封建

统治集团维护自身统治的武器。儒学的核心是"仁",而仁爱的精神,则完全是由孝道出发的,因此可以这么说,孝既是儒家伦理的核心,亦是中国文化的核心。

儒家思想的创始人孔子在阐述"仁"的思想时曾说:"君子务本、本立而道生、孝悌也者,其为仁之本也"(《论语·学而》),孔子将孝与仁、孝和悌结合起来,认为子女对父母的孝,是仁的基本表现,也是仁的根本。孔子将仁建立在孝的基础上,使其创立的儒家学说有了更加牢靠的根基,也成为后世崇孝的重要原因。

从儒家孝道的主要内涵来看,它既是一种伦理道德准则,体现了亲亲、尊尊的基本道德规范,同时它也是最基本的行为规范,是支配人们日常行为、评判人们品行的准则。孝从最初的家庭伦理延伸到社会领域和政治领域,用来协调小到家庭、大到社会、国家当中人与人之间的关系。因为恪守孝道不但会和睦家庭甚至整个家族,而且能使人际关系更加和谐、畅达。如果全社会都恪尽孝道的话,整个社会就会稳定,就能实现"孝治天下"了。当然,更为重要的是,在成为孝子贤孙之后,会成为个人通往仕途的强有力的筹码。由此可见,人在一生当中,既是家庭中的一员,又是国家的子民,因此,人们一生都处于孝道意识的范围中,从而很好地维系和强化了社会等级秩序。

儒家的"孝治"所主张的不仅仅是"孝亲",还要用"孝亲"的精神,推及于治国、平天下。因此,自汉代以来,儒家思想即成为封建社会的正统思想,备受统治者的推崇。而作为儒家伦理思想核心的"孝",被统治者拿来作为选拔官员的工具就不足为奇了。

(二)孝与诸德的关系

孝文化是中国传统文化的重要组成部分,在历经几千年的沉淀后,孝的观念已经深深地植根于每个华夏儿女的心中,成为人们恪守的最基本的道德规范。先秦儒家强调"百善孝为先",认为孝是诸德之首,换句话说,孝是一切道德品行的根本。人世间诸多美德,绝大多数都是由"孝"衍生出来的。孔子的弟子曾参可以说是继孔子之后儒家孝理论的集大成者,也是参透孔子"孝是诸德之本"的第一人。他曾经从仁、义、忠、信、礼、行、强、乐八个方面全面阐述了"德本论"。由此看来,曾子把"孝"置于极其尊贵的位置,认为"孝"是放之四海而皆准的真理,是实现一切善行的根本和力量源泉。而在战国时期吕不韦及其门客编撰的《吕氏春秋》中,更是把"德之本"的观念发展到了极致。放眼望去,在众多美德当中,除了孝,又有谁能获得如此高的赞誉呢?

《孝经》认为:"夫孝,德之本也。"在诸多伦理道德中,孝是最基础、最根本的。"孝"既然作为诸德之本,与诸德的关系又是怎样的呢?很明显,孝并不是孤立的,它和诸德是相互交融、相互影响的。尽管如此,作为诸德之本,孝依然具有其本身的特性,也正如此,孝深深地影响着诸德,对诸德具有统摄和指导作用。

一般提到诸德,最先映入我们脑海中的便是仁、义、礼、智、信。孔子崇尚"仁",在其构建的儒学体系中,"仁"是一个不可替代的核心思想。"仁"首先是人的内在情感,在孔子看来,人与人之间有一种自然的、普遍存在的情感,这就是"仁"。孟子继承并进一步阐述了"仁"的思想,认为"仁"是由人天生具有的恻隐之心而自然萌生出的爱人之心,即"仁者爱人"。那么"仁"与"孝"的关系到底是怎样的?简单说,"孝"是实现"仁"最基本、最有效的途径。"仁"是一种泛爱之心,是最高的道德理想,而"孝"则更注重血脉亲情。因此,要实现"仁"的最高理想,必须从践行孝道做起。如果一个人连最起码的孝敬父母都做不到，又何谈怀有一颗"仁爱"之心呢？孔子将"仁"建立在"孝"的基础上，希望能将这种原始的亲亲之情延伸开来，从爱父母、亲人推及更广泛的爱人。打个比方，如果把中国传统文化比作是一棵参天大树，那么"孝"即树根，而"仁"则是树枝、树叶，需要从根中汲取养分。这就是"孝为仁之本"。

"孝"与"义"的关系同样非常密切。"义"可引申为"正义、道义"，"以义事亲"乃为大孝。所谓"孝"，既应该顾及亲亲之情，也不应该抛弃社会正义。毕竟"金无足赤，人无完人"，父母作为长辈，也有犯错的时候。如果盲目地认为"孝"大于一切，忽视了"正义、道义"的存在，那么这种"孝"便沦落为最低层次的"愚孝"，最终将会陷父母于不仁不义中。孟子就曾说过："阿意曲从，陷亲不义。"这证明孟子也主张在父母犯错的时候，做子女的不应该一味地顺从，而应该大胆地规谏。对于"以义事亲"，荀子亦有同样的看法，"入孝出弟，人之小行也；上顺下笃，人之中行也；从道不从君，从义不从父，人之大行也！"荀子所理解的大孝，恰恰是遵从"正义、道义"，不唯父母之命是从。由此可见，孝与义是融会贯通、互为表里的，内有孝之心，外有义之行。

在孔子创立的儒学体系中，"礼"是一个非常丰富的概念，它既指狭义的礼节、礼仪，也指上至天子、下到庶民都必须遵守的道德行为规范。就"礼"与"孝"的关系，可以追溯到其产生的源头，二者均是中国传统伦理中出现较早的观念，并且都是从祭祀活动中产生的。在祭祀祖先时，一方面要表达对祖先的崇敬、追忆之情，这种情感实际上就是"孝"的最初表现形式；另一方面，在祭祀活动中，要借助一定的礼仪，合乎礼仪的孝行才更被人称道。儒家思想认为：恪尽孝道，善养父母，不能违背最基本的礼法规范。孟懿子曾向孔子问孝，孔子对曰："无违，"并进一步解释道："生，事之以礼；死，葬之以礼，祭之以礼。"也就是说，父母健在的时候，要按礼侍奉他们；父母去世后，要按礼埋葬他们、祭祀他们。这恰恰体现了"孝"与"礼"的密切关系。如果说，"孝乃诸德之本"，那么，"礼"便是指导孝行的具体原则和规范，换句话说，人们的孝行必须通过合乎礼仪的行为外显出来。子女仅为尽孝道而违背礼法规范，只会给父母徒增烦恼，那就是大不孝。

恪尽孝道需要人们遵循礼法规范、维护"正义、道义"，那么如何做到合乎礼法与正义的"孝"呢？这就需要人们具备分辨是非的判断力、明析善恶的洞察力，在尽孝时张弛有度、该进则进，该退则退，这即是儒家所说的"智德"。"孝"不是一味地顺从、盲从，要有清醒的认识和觉悟，能作出正确的选择和判断。比如说，做父母的提出了一个不合理的要求，如果子女不具备"智德"的话，极有可能为了尽孝而唯父母之命是从。因此，一个人只有拥有"智德"，才能更好地恪尽孝道，在关键时刻作出正确的选择。

"信者，诚也。"就"信"的构字结构看，信字从人言，人言不爽，方为有信也。那么"孝"与"信"的关系又是怎样的呢？"孝"乃是人性中最朴实、最纯真的感情，是人自然流露的真情实感，其间没有掺杂任何虚伪。因此，"至孝"之人必是"至诚至信"之人。如果一个人在"孝"的情感中混入了虚伪、势利，那这必定是"伪孝"之人。由此可见，"孝"与"信"是相互依存、相互影响的。

总之，仁、义、礼、智、信均为践行孝道的行为规范，在影响"孝"的同时，也受"孝"的制约。孝以其独特的魅力、巨大的能量，对诸德具有统领和指导的作用。反过来说，只有建立在仁、义、礼、智、信基础上的"孝"，才是大孝。各个朝代在选拔官员时，基本上都注重对道德的考核，而作为"德之本"的"孝"，成为考核的重要标准，就是自然而然的事了。

二 "孝"是修身立身之基础

《孝经》中有这样一段话："身体发肤，受之父母，不敢毁伤，孝之始也。……夫孝，始于事亲，中于事君，终于立身。"这里阐述了孝的三个阶段，以及这三个阶段所体现出的孝的三个层次。父母给予我们身体、生命，那么我们如何做才算孝呢？"孝"，就应该爱惜自己的身体，珍惜自己的生命，不让父母担忧，这是尽孝的基本。所谓"立身"，可以引申为两层含义，一则要存身，不伤害自己的身体，不做冒险之事；二则要有所成就，正所谓"立身行道，扬名于后世，以显父母，孝之终也"，孔子认为这一层含义是孝的最高境界，也是为孝者的终极目标。除了保护好自己的身体不让父母担心外，还应该建功立业，有所成就，给父母带来荣耀，这样才能更好地尽孝。而"孝"恰恰是修身、修德以达到立身的根本。

有这样一个典故：乐正子春有一次不小心伤到了脚，几个月不出门，而且面带忧虑。他的弟子疑惑不已，便向老师询问缘由。乐正子春说道：做子女的，不损坏自己的身体，在死的时候完完整整地把自己归还给父母，这才是孝。所以说，有教养的人即使在走路的时候都不敢忘记孝道，而我伤到了脚，没有恪尽孝道，因此心里烦恼。虽然在我们现在看来，乐正子春的言论有些过火，但是细细品味，却从侧面说明了一个道理，即立身始于存身，身体是革命的本钱，也是事亲尽孝的资本，一个人连自己的身体都照顾不好，怎么能谈得上尽孝呢？

除了爱惜身体、珍惜生命之外，还应该以"孝"为出发点，以"孝"的核心精神为基础，做到仁爱、正义、守礼、智慧、诚信，在"孝"的指引下，修身养性。我们现在常提"修养"一词，那么"修养"到底为何意呢？"修养"的现代含义一般指人们在思想、政治、道德、学术方面的勤奋学习和自觉锻炼，以及经过长期努力所取得的能力、思想品质、学术见解，还包括一个人在待人处世过程中的风度。然而在古人眼里，"修养"的内涵却不仅限于此。古人的"修养"中还包括"孝养"，强调人要修养的首先是孝心孝德，也就是说通过其行孝的方式和表现来判定一个人的道德品行。

我们都听过"孟母三迁"的故事，为了让孟子能有好的学习环境，孟母不辞辛苦，三次搬迁，成为千古佳话。有一次，孟子逃学回家，孟母"断机杼教子"，给孟子极大的触动。从此，孟子发愤读书，成为继孔子之后的儒学大师，被称为"亚圣"。孟子不负母亲的栽培，立德修身，光宗耀祖，取得了极大的成就，这不正是孝的最高境界吗？

汉代史学大家司马迁因为替李陵辩护，触怒了汉武帝而惨遭宫刑，这在常人看来是难以忍受的奇耻大辱，不仅对身体更是对精神的折磨。然而，为了实现父亲的夙愿，他承受了常人难以承受的痛苦，忍辱负重，最终完成了其父尚未完成的《史记》，成为一代史学宗师。如果没有对父亲的"至孝"之心，是不可能有如此惊人的毅力的。而也正是因为传统的"孝道"，成就了司马迁。

人生在世，首要的是修养心性，立德正身。正所谓"不能正其身，如正人何？"用今天的话说，那就是一个人如果连最起码的道德品行都没有，那么如何让别人信服？又有什么资格要求别人呢？那么"修身、立身"与"孝"有什么关系呢？这里所说的"身"，主要指的是道德修养。孔子认为，"孝是德之本"，一个人若想要修身养性，立德正身，那么首先要做到的就是尽孝。可以设想一下，如果连人世间最自然、最朴素的孝道都无法做到的话，你能说这个人是有德行的人吗？

宋朝著名的学者司马光有云："治身莫先于孝。"对此他曾做过这样的比喻，"圣人之德莫加于孝，犹江河之有源，草木之有本，源远则流大，本固则叶繁。"美好的品德就如同江河、草木一般，有了"孝"，江河才有源头，草木才有生命力，多么生动形象的比喻啊！"孝"对于"修身立德"的重要性由此可见一斑。

修身立德，以孝为本，才能从博大精深的孝文化当中汲取更多的养分，才能在为人处事甚至步入仕途时得到别人的尊敬和拥护。周公的儿子名为君陈，颇得周天子的信任和赏识，并委以要职。有人会想，这肯定是因为他是周公之子的缘故。事实上，君陈能够得到信任，主要是因为他善事父母，周天子认为他具备孝德才委以重任。

历史上绝大多数孝子都是普通民众，但却以其高尚的道德品行，事亲至孝，名垂青史。一个民族若要发展壮大，屹立于世界之林，必须要提高国民的道德修养。只有先修身，才谈得上齐家、治国、平天下。

三 "孝"是齐家治家之良方

所谓"齐家"，指的是管理整治家庭的意思。古代社会最基本的社会单位是家庭，家庭是社会的细胞，家庭稳定则国家稳定。儒家向来非常重视家庭的作用，强调用孝道来管理和规范家庭。古时候的家庭往往是许多小家的结合体，并非像我们现在一家一户这么单纯，因此，管理起来并不容易，要治理得井然有序就更加困难了。像《红楼梦》中的四大家族，地位显赫，在社会上有着极大的影响力，要治理好这样的家庭可谓是难上加难。书中贾宝玉对父母，贾府上下对"老祖宗"贾母的孝道，正是古代社会官宦家庭"以孝齐家"的缩影。

那么如何才能管理好一个家庭，保证它的稳定呢？说到底，还是离不开一个"孝"字。从家庭的角度来看，实行孝道，既可以使长幼有序，规范人伦秩序，又可以促进家庭和睦，保证家庭的稳定。不仅如此，"孝"所倡导的"尊亲"、"敬亲"、"事亲"等对于治理家庭有着非常积极的作用。

在遗存至今的家法、族规当中，我们也可以清晰地了解到古代社会"以孝齐家"的具体做法。家法、族规所强调的首要内容即是"孝"。在《九江岳氏家规》中有这样的记载："人的一生当中有很多道德品行，首要的是重孝和重友。父母和兄弟如同人身体的躯干和手足，孝则是维系这一切的根基。"族规、家法中以孝为核心，将父慈子孝、长幼之序列入规中。当代著名的国学大师唐君毅指出：家家户户皆赖孝悌慈过日子。以孝齐家，培养立家兴族的孝子，不仅对维护家庭和睦作用巨大，而且还能为国家培养良民和忠臣。

"孝"如同一个家庭的黏合剂、润滑油，缺少了它，整个家庭就没有了温情，变得冷冰冰的。在一个家庭当中，不管是父母还是子女，如果都能以孝道来约束自己，那么家庭就会迸发出无尽的活力和旺盛的生命力。纵向来看，孝可以使家族的血脉得以延续，因为生儿育女、光宗耀祖都是孝的要求。如若不然，就会背上"不孝"的罪名。横向来看，在一个大家族中，以"孝"为纽带，将家族中的每一个人牢牢地系在一起，使家庭成员各有其明确的定位，从而有效地维护了家族内部的和睦和稳定。

颜子曾说："父母威严而有慈，则子女畏慎而生孝矣。"也就是说，一个家庭中只有父慈子孝，才能保证其和睦。春秋时期的闵子骞，正是由于孝德淳厚，使其家庭和睦安乐。传说中的尧舜禹时代，虞舜正是靠其"至孝"之心，最终保证了家庭的稳定，并感动了天地，成为唐尧的接班人，其事迹被列为"二十四孝"之首，至今仍被人津津乐道。

俗话说，"欲治其国者，先齐其家。"也就是说，要想治理好一个国家，必须先管理好自己的小家。纵观整个中国历史，做皇帝的如果连自己的后宫关系都处理不好的话，那他一定也无法治理好一个国家。因此，古人一直把"齐家"作为检测和衡量人之德才的重要手段。如果一个人有齐家之才，治家之德，那么他才有可能去为国家效力，去帮助君主治理国家。

试想，古代的君王为何都极力提倡"孝"？旌表孝子、奖励孝行、选拔孝子做官的行为比比皆是，原因到底何在？归根到底，就是"孝"作为伦理思想，对统治者治理国家极为有利。国家是由一个个小的家庭组成，如果每个家庭都能恪尽孝道，那么社会还能不稳定吗？统治者就是要借"孝德"来织起这样一张网，来更好地维护其统治。

四 "孝"是君主治国之道

"孝"，在产生之初，其本意是人们内心萌发的至诚至善之爱，是最朴素、最自然的感情。但是由于中国传统社会是血缘与政治合一、家国一体的模式，这就使"孝"从原本单纯的内涵逐渐发展成为传统政治统治的伦理基础。

在古代中国，国是家的保护伞，家是国的根基。"齐家、治家"之孝经过进一步延伸，顺理成章地成为治理国家的工具。而作为君王，首先要凭借"孝"管理好自己的帝王之家，协调好家庭内部的各种关系；另一方面，视国为家，以孝的理念和精神去治理国家，安顺子民。

孙中山先生曾说过："大凡一个国家所以能够强盛的缘故，起初的时候，都是由于武力发展，继之以种种文化的发扬，便能成功。但是要维持民族和国家的长久地位，还有道德问题。有了很好的道德，国家才能长治久安。"在中国古代，孝之所以能成为德之本，关键在于孝是维护封建社会稳定的伦理基础。一个人如果能恪守孝道，那么他在家一定会孝顺父母，和睦家庭，而在外也会服从君王的统治。聪明的统治者懂得造就一个孝道社会，以孝治天下，目的就是维护和巩固其统治。从这个角度看，"孝道"成为统治者利用人民的工具，被烙上了浓浓的政治色彩。但是换个角度看，如果统治者能够以"孝"作为助力，将国家治理的井井有条，那么对于百姓而言，未尝不是一件好事。毕竟，作为普通百姓，最希望的就是能过稳定的生活，至于统治者是谁，他利用了什么手段，也并不是那么在意。

因此，从客观上来讲，"孝道"的确帮了统治者的大忙，有利于维护和延续他们的统治。《孝经》中曾有这样一句话："明王以孝治天下。"这句话虽短，却意味深长，也使得历代君王绞尽脑汁在"孝"字上做文章，唯恐因为自己做得不到位而难以入属"明王"之列。

周文王姬昌即是一个大孝之人，文王为太子时，每天早、中、晚三次去探望父亲，询问随从父亲的身体可否安康，吃饭怎么样。如果父亲身体健康、饮食正常，那么他会非常高兴，反之，则会忧虑得连走路的步子都错乱了。贵为一朝太子，却能做到事无巨细地照顾父母，可谓"至孝"。而文王在继承父位之后，以其事亲之孝来治理国家，深受国人拥戴，从而为武王姬发灭商建周奠定了坚实的基础。"孝"的作用由此可见一斑！

汉朝时君王注重"以孝治国"，创造了封建王朝的第一个盛世。汉文帝刘恒以亲尝汤药、孝敬母亲著称，因"仁孝闻于天下"而登上了皇帝的宝座。在这之后，文帝更加提倡仁孝，多次下令给"孝悌之人"以赏赐，从而开启了"文景之治"的良好局面。

从周文王和汉文帝的事迹中我们不难看出，"孝"可以使统治者修身立德、塑造美好的形象，从而让臣民景仰和信赖。当臣民们怀有一颗崇敬之心时，也就不愁四方不顺，天下不安了。

明朝也是非常重孝的朝代，明太祖朱元璋继承并发扬了"以孝治天下"的传统，他多次下诏各地举荐孝悌、孝廉之士，几乎每年都奖励、表彰孝子及"孝门"。不难看出，明朝皇帝还是非常注重榜样的力量的。

清朝是满族人建立的，他们在入主中原后，受到汉文化的熏陶，十分注重对"孝"的倡导。从努尔哈赤至光绪皇帝，在其谥号当中均有"孝"字，像努尔哈赤、皇太极是清朝入关前的帝王，也被追加了"孝"的谥号，其重孝之风为其他朝代所少见。

其实说到底，帝王如此推崇孝，无外乎都是看重了孝的教化作用。《孝经》开篇有云："夫孝，德之本也，教之所由生也。"孝是道德的基础，君王如果能做出表率，以己身之孝行来做典型示范，那么民众会受到潜移默化的影响，久而久之，将会成为人们自觉遵守的道德准则。可想而知，君王以身示范对整个国家的影响会多大！

客观来说，孝作为一种伦理范畴，对人们的道德修养提出了很高的要求，无论是在独立的人格层面，还是家庭乃至社会层面，都应该有一种浓重的责任意识。一个人的真正价值正是在保有并践行这种责任意识上。这也是为什么古代在选拔官员时，将"孝"视为重要标准的原因所在。

五 "孝"与"忠"相得益彰

古代"以孝选官",实际上在选择孝子的同时亦是为培养忠臣埋下了伏笔。"孝"与"忠"都是中华民族的传统美德,从道德范畴来看,"忠"是由"孝"衍生出的一种道德观念与行为。但是就其本质来看,"孝"是"忠"的基础,"忠"是"孝"的延伸。"孝"主要是协调家庭之间的关系,是对父母、家族的态度;而"忠"则是处理个人与国家的关系,是对国家和君主的态度。"孝"与"忠"从某个角度看,实际上是既对立又统一的矛盾结合体。

在春秋末期,当孝文化已经趋于稳定和完善的时候,"忠"还仅仅只是一种道德观念,其影响力远远不及"孝"。谈到"忠",以我们的定向思维来看,总以为"忠"即"忠君",是对君主的绝对服从。那么事实真的如此吗?

其实,追溯其根源,"忠"在诞生之初,并非局限于忠君的观念,其内涵和外延非常宽泛。孔子和孟子认为,"忠"是诚实的表现,可以适用于君臣之间、朋友之间、家庭成员之间,等等。当时虽然已经有了君臣意义上的"忠",但是这种"忠"尚未绝对化,"外内倡和为忠",指的是君臣之间存在着相互的权利和义务,是和谐融洽的相互关系。只要君臣有一方不守"君君、臣臣"之道,君臣关系便无法建立。臣子不守忠道,君主有权制裁臣子;君主不守君道,臣子首先尽忠行谏。简言之,这一时期的忠君观念与后来封建社会专制集权下的忠君观念是截然不同的,前者是双向的,而后者是单向的。

孔子所创立的儒学,其核心是"仁",其根基是"孝",而"忠"的地位较之二者要低很多。在人们的心目当中,"孝亲"的重要性要远远超过"忠君"。然而随着奴隶社会的土崩瓦解和封建制度的建立,君主的权力大大强化,专制主义中央集权得以确立和完善。为了与不断强化的君权相适应,原本是双向关系的"忠君"有了实质性的改变,有了明显的等级色彩。封建帝王要求臣民们绝对的依附与顺从,因此,大力标榜"忠"的政治内涵,忽略了其本来应该有的丰富含义。在统治者的推崇下,具有政治意味的"忠"逐渐发展起来,开始与"孝"并驾齐驱。

封建统治者重视"孝道",主要是想达到移孝作忠的目的。《礼记·祭义》中云:"事君不忠,非孝也。"这里明确地指出对君主不忠,就是不孝的表现。历朝历代的统治者竭力推崇和宣扬"孝行孝道",其最终目的无外乎维护和强化自身的统治。儒家孝道强调"亲亲"、"尊尊",这一观念可以有效地维系家庭的和睦,从而成为缓和社会矛盾的巧妙方法。"孝"在不断发展的过程中,由伦理道德范畴延伸到政治领域中,统治者普遍认为,用孝敬父母的态度来对待君主,必然会对君主尽忠,也就是"移孝作忠"。自古有云:"欲求忠臣,必于孝子之门。"一个人如果是至孝之人,那么他身上所拥有的良好的道德品行足以使其成为至忠之人。因此,古代帝王在选拔官员时,往往注重对其孝行的考核,孝行突出者甚至可以直接授予官职。想必皇帝们正是看中了"忠臣出于孝子"这一点吧!

总而言之,只有将家庭关系扩大到社会,将君主看做是普通民众的大家长,才能将事亲至孝很好地转化成事君之忠。只有这样,才能将孝道与忠君有机地结合在一起,真正实现"忠孝一体"。也正是如此,大肆标榜"忠孝一体"便成为统治者"以孝治天下"的基本策略。

但是自古有句俗话:"忠孝难两全",成全了忠,就舍弃了孝;而成全了孝,则顾不了忠,正所谓"鱼和熊掌不可兼得"。

一提到"忠孝"二字，很多人可能立刻会想到岳飞。岳飞所处的朝代正是北宋朝廷风雨飘摇之时，岳母通晓大义，支持儿子保家卫国，并在其背上刺下"尽忠报国"四个字，这也成为岳飞一生中的信念和力量的源泉。在抗金过程中，岳母病故，岳飞为其守灵，三日水米未进。但岳飞深知国家的命运已危在旦夕，因此无法为母亲服丧三年，安葬了母亲后便立刻重返战场。怎奈生不逢时，最终以"莫须有"的罪名被杀害。但是，岳飞身上所体现出的"忠"、"孝"的精神，已经成为留给后世的一笔宝贵的精神财富。"忠孝"二字在岳飞身上得到了淋漓尽致的体现。

"孝"与"忠"在多数情况下都是和谐的，是相得益彰，相互影响的。从本质上来讲，忠即是孝，孝亦是忠。因为国是家的延伸，家是国的基础。在家孝顺父母，移小孝为大孝，就为奉国尽忠、效命君主奠定了良好的基础。

第二章 以"孝"选官初露端倪
——先秦选官制度中"孝"思想的萌芽

纵观整个中国历史的发展阶段,不管是原始社会、奴隶社会还是封建社会,也不管统治者清明也罢,昏庸也罢,都会根据自己的统治意愿和需要,建立起一套选拔官吏的制度,来构成和完善各级官僚队伍,使其成为自身统治的得力助手。这种选拔管理的制度成为古代官制的重要组成部分。但是不管是何种社会形态,对"官"的选择都有其相应的标准,比如以才能授官,或以孝选官,或通过考试选拔,或才能、品行兼顾,等等。那么先秦时期的选官制度是怎样的呢?"孝"在选官当中起到了怎样的作用?

先秦时期的选官制度可以大致分为史前期(原始社会时期)、夏商西周时期、春秋战国时期三个阶段。在原始社会时期,由于生产力水平低下,人们只有依靠集体劳动才能维持最基本的生活。大家共同劳动,共同分享,没有高低贵贱之分。这一时期的社会组织形式是氏族、部落以及部落联盟。当时部落联盟的最高首领,必须由部落成员以民主的方式共同选举,并经过一段时间的考核试用,得到大家的公认后,方能确立为接班人。这就是我们所说的"禅让"制度。在确立了部落首领后,如果不合众人之愿,也可以立即罢免。由此可见,这时候的氏族部落本身就是最民主的组织形式。

据史料记载，唐尧的哥哥挚，曾是部落联盟的酋长，但由于他为人不善，引起了部落成员的不满，最终被罢免，并推举尧接替了他的职位。其实从这个事例我们不难看出，那个时候不管是部落首领还是首领之下的其他官职，事实上并没有享有特殊的优待，或者是拥有超越其他人的特殊权利，他们与普通民众一样，共同劳动，共同生活，没有阶级，没有压迫。他们的责任就是要尽心尽力地领导人民同大自然以及其他部落的敌人做斗争。简言之，他们既要有才有德，又要有"为人民服务、甘愿吃苦受累"的奉献之心。

可以说，"禅让制"乃特定时代的产物，是原始社会的历史缩影，并不是凭空虚构和想象的。原始社会后期，随着生产力的不断发展，私人财富的不断增多，原本"天下为公"、"选贤与能"的观念逐渐被"私"的观念所取代，传说中尧、舜、禹禅让时凸显出来的种种矛盾，其实已经透露出了这种信息。最终"禅让制"被"世袭制"所取代，"家天下"的奴隶制国家逐步确立起来。

夏、商、西周是我国的奴隶社会时期，奴隶主贵族掌握着国家的最高权力。各级官吏都是由国王、诸侯、大夫按照血缘关系的亲疏远近，将土地相应地分封给臣民作为食邑，世代相传，这种制度被称为是"世卿世禄"制度。但是此时，仍然有从社会底层选拔贤能的情况。《史记·殷本纪》当中有这样一个故事：伊尹是一个身份低贱的人，他听说商汤是个非常贤明的君主，就想向他提出自己的治国主张，但是却得不到进见的机会。后来，他想了一个办法，把自己伪装成商汤妃子有莘氏的奴隶，作为厨师见到了汤，并向他阐述了自己的治国之道。商汤听后深受触动，认定伊尹是治国的贤才，想要重用他。但是伊尹已经避居到乡下去了，不想到朝中做官。为了表达自己的诚意，商汤三番五次地前去聘请，最终伊尹被他的诚挚感动，欣然从命。伊尹被拜为国相后，勤勤恳恳，辅佐商汤发展经济，训练军队，最终助汤灭夏。商王武丁时，继位三年不问政事，把朝政交给手下的大臣，以便有充足的时间去察访贤才。在武丁深入民间寻访贤人时，发现了一个名叫傅说的奴隶，非常有才能，便想任其为相，治理国家。但是在当时直接把一个奴隶破格提拔为国相，势必会遭到贵族们的反对。因此，他便借做梦为由，画了傅说的一张画像，派人去寻找。最终，在傅岩找到了做版筑工的傅说。傅说被提拔后，励精图治，使商朝出现了中兴的局面。除此之外，周文王时重用姜太公吕尚，武王继位后，在吕尚的帮助下，灭商建周。这些例子都说明了在"世卿世禄"之下，依然有选贤任能的存在。

春秋时期，周王室衰微，诸侯国纷纷加入到争霸的行列中。这一时期，比较大的诸侯国有齐、晋、楚、秦以及后起于东南沿海的吴、越等，那么这些诸侯国如何才能在争霸当中占据优势并立于不败之地呢？当然，优越的自然条件、发达的经济都是争霸的必要条件，那么还有没有更重的筹码呢？管仲曾说："君王不能成就霸业的主要原因有四点，一是不知贤能；二是知道贤能但却不去任用；三是任用贤能却不信任他；四是贤能之人与卑劣小人并用。"从管仲这段话中我们不难领悟到，在那个大国纷争的动荡年代，如果能正确地选任贤德之才来辅佐国家的话，无疑给自身的成功加上了重重的砝码。因此，当时各国都非常注重人才的选拔和任用。这就是春秋时期的"选贤任能制"。

齐桓公时，接受鲍叔牙的建议，任用管仲为相，在管仲的治理下，齐国成为"春秋五霸"的第一个霸主国。人们在赞颂管仲贤能的同时，对鲍叔牙识才和荐贤的高尚品格也大加赞扬。可以说，如果没有管仲、鲍叔牙等人的齐心辅佐，齐桓公想要成就霸主地位没那么容易。

　　西方的秦国在平王东迁后才受封为诸侯，比起中原的其他诸侯国较为落后，但由于秦国地处西陲，受到西周奴隶社会宗法制度的束缚较少，因此更容易吸收新鲜的东西为己所用。秦朝的国君非常注重选用贤能的官吏。秦穆公时，听闻百里奚是一个非常有本事的人，可惜怀才不遇，没有施展才能的机会。穆公立刻派人打听百里奚的下落，得知他在楚国放牛。穆公与大臣们反复商议计策，最终决定用五张黑色的上等羊皮来赎回百里奚。而百里奚来到秦国后，又向穆公推荐了蹇叔，同他一起辅佐穆公。由于秦穆公重用贤才，发展生产，国家很快便富强起来，雄霸于西方。

　　战国时期，由于各国之间战争频繁，为了增强国力，在动荡之中保持并发展自身的势力，各国都"礼贤下士"，招揽人才。这一时期的"士"，成为社会上一股强大的力量，他们跻身于各国政权的中心，甚至能够决定大政方针，也在很大程度上改变了过去世家大族垄断官职的局面。这种"量能授官"的方式，为各国招揽了大量的人才，他们或擅长谋略，或处事果断，或敏于审时度势，或精于军事训练，不管具有哪一方面的才能，也不管走到哪一个国家，他们都有可能受到重用，得到高官厚禄。在那个特定的历史条件下，无疑给了他们施展才华的绝佳历史机遇。

　　战国时期著名的四君子，齐国的孟尝君、赵国的平原君、楚国的春申君、魏国的信陵君，他们礼贤下士，广招宾客，一时间"养士"蔚然成风。大家都非常熟悉的成语"毛遂自荐"就与平原君有关。平原君赵胜，以善于养士著称，秦赵长平之战后，秦又派兵包围了赵国的都城邯郸，赵国危在旦夕。平原君受命出使楚国求援，说服楚王出兵抗秦。平原君想在自己的三千门客中挑选二十名文武双全的随行。挑了十九人，最后一个却怎么也挑不出来。这时,毛遂自我推荐,赵胜不屑一顾,但还是决定带他去试一试。来到楚国后,毛遂以三寸不烂之舌,成功说服楚王出兵相救,而平原君亦尊毛遂为上客。类似的例子在战国时期数不胜数,可以说,各国通过这种方式,在扩大自己势力的同时,也将战国时期的"养士之风"推向了极致。

综上所述,我们可以看出,先秦时期的选官制度,无论是"禅让制",还是"选贤任能制",基本上都对德和才有着较高的要求。(当然,战国时期有时候过于看重"才"而忽略了"德")乍一看,似乎这几种选官制度与"孝"并没有太大的关联,并没有明确提出要"以孝选官"。但是如果我们深入进去仔细地想一想,却能从中感受到"以孝选官"思想的萌动。可以这么说,先秦时期的选官,在看重德行方面与后世的"以孝选官"并无差异。只是在不同的历史时期,侧重点有所不同而已。但是这种重德行的选官思想却为后世的"以孝选官"提供了范例,起到了榜样示范的作用。

一 虞舜以孝赢天下——禅让制中隐含的"孝"

在《尚书·皋陶谟》中有这样一段记载:"无教逸欲有邦,兢兢业业,一日二日万机,无旷庶官,天工,人其代之。"这段话的大意是,作为官员不能只顾自己的私欲而贪图享乐,而应该兢兢业业地为百姓服务。各种各样的职位都不能任用那些不称职的人,因为所有的官职都是上帝设立的,怎么能让那些无所作为的人来代替上帝行事呢?皋陶所讲的这段话,体现了原始社会氏族部落时期选拔官吏的标准,如廉洁奉公、勤勤恳恳、忠于职守等原则。虽然这些话可能也有后人附会的成分,但从中大致也能了解到"禅让制"之下选官的主要依据。

舜，传说中的武帝之一，号有虞氏，史称虞舜。相传舜的父亲名瞽叟，是个盲人，没有知识，脾气顽劣。他的生母名叫握登，很贤德，但不幸早亡。他母亲去世后，父亲续娶，所娶的继母为人嚣张，其异母弟象更是狂傲骄纵。舜的父亲、后母、异母弟采用多种手段，刁难他，排挤他，甚至想要置他于死地。舜的后母借口谷仓的仓顶坏了，让舜修补，结果他们却从谷仓下纵火，妄图烧死舜，最终舜手持两个斗笠做翼跳下才得以逃脱。还有一次，后母命令舜去掘井，舜在掘井的时候，瞽叟和象却下土填井，企图将舜闷死在井中，幸得舜掘开地道，才捡回了一条命。尽管面对如此恶毒的谋杀，舜却丝毫不计前嫌，还是一如既往地孝顺父亲和后母，对待弟弟也非常友善、慈爱。相传舜的孝行感动了天帝，以至于舜在历山耕种时，大象替他耕地，小鸟代他锄草。舜以其宽厚、仁爱、孝顺赢得了别人的尊重，更成为"二十四孝"之首。

相传舜在 20 岁的时候，就已经极负盛名，而他正是以孝行而被人所颂扬。舜所生活的时代正是原始社会氏族部落时期，那个时候的部落首领是唐尧。唐尧在晚年的时候曾询问"四岳"（即四个部落酋长），谁可以继任部落首领的职位。四个人认为自己的德行不够，无法胜任首领的职务。尧便询问在民间是否有隐伏的贤德之人，四方酋长便告诉尧说："在民间有一个处境困苦的人，名字叫做虞舜，他受尽了父母和弟弟的虐待折磨，但依然坚守孝道，以孝行和善心来感化他们，在民间的名望很高。"舜于是被推荐为尧的继承人。但是在原始社会，即使被确立为继承者后，仍然要对他的德行进一步考察，如果有不合人意的地方，随时会被罢免，这体现出原始社会的民主，选举权和罢免权是属于部落全体成员的。

舜在被考察期间，尧将自己的两个女儿嫁给他，来进一步考察他的品行。结果，舜使二女与全家和睦相处，并且一如既往地侍奉父母，爱护弟弟。不仅如此，舜到历山去耕种，到雷泽去捕鱼，总是把最好的土地和水池让给别人，自己用最差的地方。他以自己的谦让、宽容对待身边的每一个人，而他所在的地方慢慢兴起了礼让之风，人与人之间的关系也非常融洽、和谐。尧非常高兴，进一步让舜参与政事，管理百官，接待四方宾客。结果，舜将百官治理得井井有条，远方的诸侯宾客也非常敬重他。通过一系列的考验，不仅显示出舜高尚的道德品行，更显示出他的治国方略和政治才干。经过三年的考察，尧对舜的表现非常满意，便正式将首领之位禅让于他。

就现在看来，舜所处的时代是上古时期，这时候尚没有文字记载，因此舜的故事很有可能是后人特别是儒家附会的结果，毕竟儒家学说重视孝道，而舜的传说也恰恰是以孝著称，因此他的人格形象恰好可以作为儒家伦理道德的典范。但不管是传说也好，事实也罢，从舜的故事当中我们可以看到，一个人拥有美好的品德，特别是"孝行"，对其个人的影响有多么大。虞舜不仅以其孝行赢得了天下，更因其"至孝之心"而成为后人学习的典范。可以说，舜作为中华孝德的始祖，成为了道德的化身，缔造了中华民族精神的家园。

二 "才能"固重要，"贤德"不可抛——选贤任能制下的"孝"思想

尧舜禹时期，实行的是"禅让制"，而"禅让制"中所蕴含的就是"选贤任能"的观念。尧因舜的孝行感天动地而禅位于舜，舜又因为禹有贤德之才而让位于禹，这无不体现了原始社会时期我们的祖先已经懂得重用贤人，让他们带领着人们战胜自然

灾害、为谋求生存而奋斗。夏启废弃了禅让制度，继承父位，从此建立起了"家天下"的阶级社会。在阶级社会，人与人之间不再像原始社会时人人民主、平等，而是有了等级差异。事实上，在奴隶社会时期，主要实行的是"世卿世禄制"，奴隶主贵族掌握着一切特权，当然包括选拔官吏的权力。尽管如此，"选贤任能"的观念依然存在。能否识别贤才并且为己所用，与统治者本人的眼力和开明度有很大的关系，正所谓千里马也需要有伯乐来识，才能施展其才能。因此，贤能之士能否一展才华，一鸣惊人，就要看能不能遇上"伯乐"了。

先秦时期最提倡"选贤任能"的当属春秋战国时期。春秋战国时期，政治上周天子势力衰微，思想文化上面临着礼崩乐坏。随着旧的政治制度、思想文化的崩溃，代表各阶层利益的新的思想便纷纷出现了。为了在争霸中有更大的胜算，强化自己的统治，各诸侯国便着手把大量的贤能之士拉拢到自己的统治阵营中，使其成为争霸战争强有力地保障。

实际上，各国这种尚贤之风的盛行，一方面推动了各国政治、经济的发展，使国力得以迅速增强；另一方面，这种风气还使人才的流动进一步加强，"合则留，不合则去"的观念被普遍认可。很多有才能的人如果在某个国家得不到赏识和重用，那么他随时可以选择离开，另谋高就。当时士人们的本土观念比较淡薄，并不觉得为别的国家效力是件耻辱的事情。因此，在这一时期，人尽其才可以说得到了最大程度的彰显。士人的流动使各种思想的交流进一步加强，促进了不同学说间的争鸣，从而使战国出现了"百家齐放、百花争鸣"的局面。

既然注重"选贤任能"，那么何为贤才？贤才的内涵是非常宽泛的，可以是学识方面的，可以是有特殊技能的，或者是道德品质非常出众的，或者是有治国之策的，等等，这些都可以算得上是判断贤才的其中一个标准。实际上，对于君主来说，贤明之君当以贤为贤，既注重学识技能，当然也重视德行修养；而昏庸之君可以很容易地看到前者，但是对于后者，也就是道德品质，就未免能看得到了。晏子关于贤才对国家兴亡起到的作用有着很清晰的认识，他主张明君不仅要善于发现贤才，而且还要将其放在最恰当的位置，并且要予以绝对的信任。只有这样，才能让贤才真正发挥他最大的作用，为国家做贡献。

孔子判断贤人有非常独到的视角。子贡问孔子："在当今士人当中，谁可以称得上是贤人？"孔子回答说："我还没有发现，要是过去的话，那在齐国有鲍叔牙，郑国有子皮，我认为他们是贤人。"子贡很不解，问道："难道齐国的管仲、郑国的子产不是贤人吗？"孔子解释道："你只看到了表层的东西，却没有更深入地去看。管仲和子产虽然非常有才能，但是他们在执政期间，未曾推荐过贤人。那么他们就不能算作是真正的贤人。"孔子的说法当然有偏颇之处，但是从中我们也可以领悟到一些道理，一个人如果心胸不够宽广，嫉贤妒能的话，那么自然就发现不了贤人，即使发现了也因为担心会危及自己的地位而不愿推荐。那这样看来，管仲和子产还能算贤人吗？由此可见，在孔子的眼中，"贤人"是一个非常高的层次，不是仅有才能就可以，而必须是"才能"与"贤德"兼顾，而"贤德"更胜一筹。

作为中原大国之一的晋也非常注重人才，晋景公善用贤人，在他的大力提倡下，晋国上下同心同德，选贤任能蔚然成风。后来，悼公继位，继承了景公仁贤的优良传统，有一天，他召见祁黄羊来讨论任官的问题，悼公问："你认为南阳令这个职务，朝中上下谁可以担负起来？"祁黄羊果断回答："朝中上下的文武百官都不合适，只有守南门的卫尉解狐最为合适。"悼公听后疑惑不解："解狐不是你的仇人吗？你怎么还会推荐他呢？"（注：祁黄羊的父亲因夜行违禁，被解狐抓住，依照法令打了板子，结果回家便死去了，因此，二人有杀父之仇。）祁黄羊反问道："君王问的是谁适合南阳令这个职务，并没有问我和谁有仇啊！国事和家仇是两码事，解狐为官清正廉明，执法如山，且不畏权贵，是南阳令的最好人选。我怎么能因为自己的私仇而让国家痛失人才呢？"后来，悼公又让祁黄羊举荐贤人，他毫不犹豫地推荐了自己的儿子。悼公问他说："你不怕别人说闲话吗？"祁黄羊对答："君王您让我举荐贤才，并没有规定贤才不能是我的儿子啊！"祁黄羊举荐贤人，既不避仇，也不避亲，事事以国家为重，可谓是真正的贤人。

从上述几个例子我们不难看出，在春秋战国时期，选拔人才固然重才，但对德的要求也是非常高的。而这个"德行"当中，"孝"也是选官参考的很重要的一个方面。孔子的弟子子路就是非常有孝心的人。他从小家境贫寒，经常吃野菜度日。为了能让父母吃到米，他不惜走到百里之外去买米，再背着米回家奉养父母。不管是春夏秋冬，寒风烈日，他从来都没有放弃，大冬天他顶着鹅毛大雪，脚都被冻僵了，却坚持继续赶路。炎炎夏日，子路热得汗流浃背，却不愿停下来歇息，只为能早点回家给父母做好可口的饭菜。后来，父母去世，子路游学到了楚国。楚王聘他当官，给了他非常优厚的待遇，过着非常富足的生活。我们试想，楚王聘用子路的动机是什么？如果子路没有异于常人的独到之处，楚王干吗要给予他如此优厚的待遇呢？不难想象，打动楚王的必是子路的贤德，而这个贤德就是子路的"孝行"。

与子路相反，这一时期也有因为不孝而最终落得悲惨下场的。吴起，战国时期著名的军事家、政治家，他早年在外求官耗尽了全部家财，为了能有所成就，他拜曾申为师，学习儒术。后来，吴起的母亲病逝，本应回家守孝的吴起却借口要学本领，连家都没有回。在当时可谓是大逆不道，曾申一气之下，将他逐出师门，从此，吴起便背上了不孝的罪名。吴起因不孝而被卫国人所不容，于是来到齐国，并娶了齐国的女子为妻。为了谋求更好的发展，吴起来到了鲁国，却迟迟没有受到重用，经人指点，明白原因出在自己妻子身上，于是吴起不顾夫妻之情，残忍地杀害了妻子。后来，吴起又到了魏国、楚国，获得了极高的权力，但最终因得罪了奴隶主贵族，被乱箭射死。纵观吴起这一生，用不孝娘亲、残杀妻子换来了官位和富贵，最终被世人所不齿。

三　孔子做官的深层剖析——为尽"孝"道

作为儒家学说的创始人，孔子对西周孝文化进行了总结，并将其内容进一步深化。西周时期，孝文化依然笼罩在宗教意识之下，这一时期的孝主要表现为"追孝"与"享孝"，以周天子为首的大宗小宗们则借助祭祀宗祖的方式来维护其统治地位。孔子继承了西周孝道的部分思想，并将其和家庭道德规范结合起来，从父母子女之间亲亲的情感出发，对西周时期的孝文化进行了全面而深刻的改造。儒学的思想核心是"仁"，孔子认识到伦理道德之孝在社会生活、政治生活、人际关系中的重大作用，这恰恰体现了"孝乃德之本"的思想。

孔子生活的时代是春秋战国时期，宗教在这一时期的影响力已经大大削弱了，因此，尽管这一时期孔子所提倡的孝文化并未完全否定周代祖先崇拜的传统，但其重心逐步倾向于"重人事，轻鬼神"的伦理道德之孝。而道德之孝最本质的莫过于"善事父母"。围绕着"善事父母"这一最基本的孝行，孔子提出了很多平实却又不乏深刻的理论。孔子强调"孝"要建立在"敬"的基础上，这个"敬"字不单单是满足父母的物质需求，更重要的是通过孝行使父母得到精神上的满足。

除了道德伦理的范畴外，在政治方面，孔子已把行孝与为政联系在了一起，一定程度上可以认为，孔子是孝为政治服务原则最早的提出者。事实上，孝道从一开始，就体现出了血缘、宗法、政治伦理的统一。孔子对孝的认识主要是立足于家庭道德伦理的角度，但是其中也不乏为政治服务的因素。

孔子年少时敏而好学，不耻下问，且有步入仕途的强烈愿望。孔子曾说过："富与贵，是人之所欲也；不以其道得之，不处也，贫与贱，是人之所恶也。不以其道得之，不去也。"由此可见，追求富贵乃是人之常情，做官恰恰是其中的一条捷径，而且还是最为通达、体面的道路。此外，孔子的弟子子夏有云："仕而优则学，学而优则仕。"这有点类似于现在演艺圈当中"演而优则唱，唱而优则演"。就春秋战国时期来看，很多士子努力学习的目的就是希望能够从政当官，实现自己的政治抱负和人生价值。

细想一下，孔子从政除了上述提到的理由外，还应该有一个容易被人忽略的原因，即尽孝道。尽孝，并不一定非要是对父辈，也可以是祖辈甚至祖辈以上，子承父志，将家族的荣耀发扬光大。孔子的原籍在宋国，那么孔子一家为何会迁到鲁国？家族的兴衰是否对他后来急切地想要步入仕途有很重要的影响？

据《史记·孔子世家》记载："孔子生鲁昌乡陬邑，其先宋人也。"由此记载可以看出孔子的祖籍当在宋国。从历史上来看，宋国本是殷商微子启的封国，因此，从这个意义上来说，孔子是殷人的后代。那么孔子又为何迁居鲁国呢？据《史记·宋世家》记载，孔子第六代先祖孔父嘉当时是宋国大司马，可以说是业绩稳固，享受着很高的荣耀。但是在宋殇公九年的时候，时任宋太宰华督垂涎孔父嘉妻子的美貌，想要霸占她，于是便制造舆论，说殇公继位16年间，有11次战争，都是孔父嘉的缘故，因此要杀了孔父嘉来换取国家的安定。果不其然,第二年,华督便夺取了孔父嘉的妻子,同时杀了殇公。为避免再次遭受迫害,孔父嘉的儿子木金父急忙逃到鲁国避难。也就是在这个时候,孔氏家族开始衰落。到孔子父亲时,叔梁纥作为鲁国贵族的家臣,还算是有一定的身份地位,但是由于孔子幼年丧父,到孔子这代,家业衰落,孔子处在非常尴尬的位置,如果不再努力寻求仕途之路,那么就会沦落为"农、工、商"这类最为低贱的阶层。因此就孔子来说,他实际上担负的压力是非常大的,如果他不能凭借努力跻身上层社会,那么他不仅对不起父母,往深层去想,更对不起列祖列宗,毕竟孔子的祖辈有身份、有地位,有着十分显赫的背景。因此,孔子渴望从政,渴望步入仕途,渴望子承父业,实现振兴家族的梦想。而这不正是"孝"思想在孔子身上的体现吗?

《孟子·离娄上》记载:"不孝有三,无后为大。"赵岐在《孟子题辞》中写道:"于礼有不孝者三者,谓阿意曲从,陷亲不义,一不孝也;家贫亲老,不为禄仕,二不孝也;不娶无子,绝先祖祀,三不孝也。"首先说第一点,"阿意曲从,陷亲不义"这一点是孔子绝对不会做的,从孔子创立的儒家思想中我们很明显地看到,孔子所提倡的是"己所不欲,勿施于人",而且孔子作为一个知识分子,也有他自己所坚守的道德底线和做人的原则,并且"阿意曲从"也不符合孔子尊崇的"周礼",因此,从这个角度来看孔子不会不孝。从第二个角度看,孔子虽然年幼家贫,但是后来孔子招收学生,生活过得也算不上"贫"了,对母亲也是礼爱有加。

但是"不为禄仕"这一点就要细细斟酌了。孔子年少时父亲去世,按理说,孔子可以不用顾忌因"不为禄仕"而背上不孝的名声,那为何孔子还要如此努力从政呢?这恐怕是孔子想要尽孝的原因。但是这里的尽孝,不单单是对父母之孝,毕竟孔子的父母去世了，因此这里的孝应该是出于子承父业，振兴先祖的意思。对于孔子来说，家道衰落是不争的事实，他内心渴望能够重现之前家族的荣耀，这应该成为孔子步入仕途的一个强大的驱动力。

尽管孔子终究不能达成心愿，实现自己的终极理想，但是他却在一言一行中渗透着自己的主张。孔子的言传身教对弟子的影响非常大。孔子有着良好的家族背景，家族的兴衰始终是一个不可回避的话题，孔子把"孝"的观念延伸到了自己的家族中，渴望通过自己的努力子承父业，真正实现振兴家族的梦想。

四 赵威后眼中的"孝"与选官

赵威后，是战国时期赵国赵惠文王的王后，孝成王的母后。公元前266年，赵惠文王去世，太子丹继位，但是由于太子年少，对于执掌国政还不太熟悉，因此由赵威后代为执政。当时尽管赵国文有蔺相如，武有廉颇，还有广招门客的平原君，但是就其国力来看，已经是大不如从前了。而此时的秦国，正在虎视眈眈地企图吞并六国，实现统一。因此从国际环境看，此时对赵国也极为不利。赵威后面对着国内外的状况，重视民生，体恤百姓，威信大增。

历史上著名的女性执政者除了赵威后，当属武则天和慈禧两位。武则天是中国历史上唯一一个被人公认的女皇帝，她执政时"政启开元，治宏贞观"，可以说是一个能力极强的女皇。慈禧却穷奢极欲，只顾贪图享乐，使清政府的国力每况愈下，落得个骂名。反观赵威后，却以其"民本"思想著称于世。不仅如此，细细分析，在赵威后的治国理念中，"孝"也是非常重要的一个参照物。

据《战国策·齐策》记载，齐襄王派使者到赵国拜访赵威后，商量对付秦国的对策，齐国的使者向赵威后施礼后，便递上齐襄王的函件，赵威后接过来看也没看就放在了案几上，向使者问道："齐国今年粮食的收成怎么样？百姓生活过得还好吗？大王的身体可安好？"使者听完心里非常不高兴，认为赵威后既不看齐王的信件，在问候的时候又将齐王放到了最后，认为是对齐国和齐王的轻视。因此，很不高兴地回答说："臣奉我国君之命前来拜访太后，太后为何不先问候我们家大王，反而是先询问年岁收成和低贱的百姓呢？这不是有违常理吗？"

赵威后听罢，微微一笑，不紧不慢地说道："请你想一想，一个国家如果没有好的粮食收成，百姓靠什么度日？如果没有你所谓的低贱的百姓，那又怎么谈得上尊贵的国君呢？实际上，收成和百姓才是一个国家的根本，我刚才问的怎么会是本末倒置呢？"赵威后的一席话让使者目瞪口呆，无言以对。赵威后心里装的是百姓，这在春秋战国时期是多么先进的治国理念，"以民为本"，尽管赵威后的根本目的仍然是为了统治者的利益，但是在两千多年前，赵威后能够有这样的远见卓识，实属不易。而这个理念正是在一个女人身上得到了很好的体现，怎能不让人敬佩！从这个层面来看，赵威后不愧为一个杰出的女政治家。赵威后以民为本的治国理念对其考察、选拔官员势必也有着非常重要的影响。尽管史书中没有明确地记载过赵威后选官的史实，但是我们不妨推测一下。既然赵威后注重"以民为本"，那么什么样的官员能够做到这一点？定是那些心中装着百姓、道德品行高尚的人才能做到这一点。由此也可以间接地窥探到赵威后的选官标准。

齐国使者听罢，觉得句句在理，半晌说不出话来。赵威后接着问："贵国有位隐士叫钟离子安，他过得怎么样？"使者说还不错。赵威后明白到现在钟离子安仍然是一介平民，便问："我有耳闻，钟离子安在民间，竭尽所能地帮助穷苦百姓，给予他们所急需的粮食和衣物，他这样做实际上就是在替贵国君主在做好事,这样的忠臣,贵国国君怎么到现在还没有重用呢?"说罢,赵威后接着问:"贵国的大贤士叶阳子近况如何?"使者说没什么变故。赵威后不解地说道:"我非常敬重叶阳子的为人,他照顾鳏寡老人,救济穷人,这么好的贤臣,贵国国君为何没有重用呢?"问罢,赵威后又说:"贵国的孝女北宫氏现在怎么样?"使者说现在仍然在家里侍奉父母。赵威后说:"我听说北宫氏是个独生女,她恪尽孝道,孝敬父母,为了能更好地侍奉父母,牺牲自己,发誓终身不嫁。这样的孝女,贵国国君为何至今都没有表彰她的孝行?"齐国使臣听罢,顿时觉得自己心中发虚,还没等他开口辩解,赵威后不客气地说道:"贵国国君,不重用忠臣、贤士,不提倡孝道,反而重用那些道德品行败坏的人,这样的国君,如何能治理国家?又怎么可能做一个好的君王?"

从齐国使臣与赵威后的这段对话中我们不难看出,赵威后作为一个政治家,她对于如何选拔人才、如何用人有着自己参考的准绳。这个准绳就是道德品行。赵威后在对话中一直强调,她对于品行高尚的人非常敬慕,而且希望国君能够给予重用。其中赵威后提到了孝女北宫氏,认为国家应该提倡她的这种孝行,并予以表彰。从这一点可以看出,赵威后对"孝道"看得非常重,认为这是治理好国家不可或缺的重要因素。

赵威后以其独特的个人魅力,治国的先进理念和敏锐的政治眼光,赢得了后世人的尊重。一直到现在,赵威后的言论和思想仍然被很多人推崇,可见其影响力之深远。

五 "润物细无声"——儒家"孝道"对选官制度的影响

"孝"是中华传统道德伦理的核心,并且是中华民族独具特色的文化，同时"孝"还以其特有的文化内涵而成为诸德之首。孔子是儒家学说的创始人，他对西周传统的思想和文化极为推崇，因而对于自周初以来统治者所大力提倡的孝道，自然地持完全肯定的态度。不仅如此，作为儒家学说的创立者，孔子在继承孝道原有内涵的基础上，对其又有了更进一步的理解和阐述，从而使孝道的含义更加丰富，更加立体。

值得我们探讨的是，古代历朝历代的帝王为何都如此重视孝道？为何如此注重"以孝选官"？这与"孝"的政治用途是分不开的。古代帝王为了自身的统治稳定，为了能够长久地享受至高无上的权力，那么可以依靠什么力量呢？毫无疑问，必须依靠忠臣，忠臣能确保效忠于君主而没有二心，这对于统治者来说是至关重要的。而忠臣又往往出于孝子之门，因此，统治者便利用孝道中蕴含的政治伦理思想，拿孝道为自己的政治服务。这也就是为何古代帝王都热衷于以各种方式选拔孝子来做官的缘由了。

在儒家的孝道理论中，孝与政治的关系始终是一个不可忽视的话题。"孝"在逐步发展、演变、完善的过程中，就呈现出血缘伦理、宗法伦理、政治伦理一体化的趋势。"孝"在最初主要立足于血缘和宗法伦理，其基本的施用范围是父母与子女，与政治的关联性不大。但是随着"孝道"观念的不断丰富，"孝"渐渐地有了更多与政治关联的东西。《论语·为政》篇中记载："或谓孔子曰：'子奚不为政？'子曰：'《书》云：孝乎惟孝，友于兄弟，施于有政。是亦为政，奚其为为政？'"从这段文字不难看出，孔子强调的是孝敬父母、友爱兄弟，认为这样的话就可以影响政治。孔子认为，"孝"与"为政"可以并行不悖，而"孝"也是"为政"的一个重要标准。

如果说"孝道"与政治的结合在孔子那里只是萌芽的话，那么到曾子时，就是对儒家孝道的全面泛化了。曾子将孝道渗透到社会生活的方方面面,将孝置于至尊的地位,甚至跨越了时间与空间,成为人类社会一切领域都应该遵循的终极法则。不仅如此,曾子还将孝道与忠君联系在一起,把孔子所提出的"君君、臣臣、父父、子子"和"臣事君以忠"的政治概念进一步融入孝道中。而这一理论对于后来《孝经》中"移孝作忠"影响甚大,这也可以说是后来历朝历代"以孝选官"的思想渊源。

另一位大儒孟子则使孝进一步政治化,认为孝道是统治者推行仁政的方法与根据。曾子主要是站在臣民的角度上,要求臣子要以孝事君,由此表达对君主的尊重;而孟子则上升到了更高的层次,站在君主的角度上来看问题,认为君主要想治理好国家,必须推行仁政,而仁政离不开孝道的支撑。孟子叙述和争辩了大量关于尧舜的传说故事,在其中渗透了自己以孝治天下的孝道理论。可以说,孝治是孟子内心中为君主勾勒出的一种理想境界。孟子以孝治国的理论,使儒家传统的孝道蒙上了更为浓重的政治色彩。

荀子虽然不热衷于孝道,但是他论孝的言论中却有这样一个观点,即君重于父。荀子认为尊宗敬祖与忠君是同等的,甚至按照礼的要求隆君还应该重于孝父,因为"父能生之,不能养之;母能食之,不能教诲之。君者,已能食之矣,又善教诲者也"。荀子这一思想,对后世影响深远,特别为后世统治者所推崇,成为封建孝道观的重要内容。当然,也就成为封建统治者以孝选官的重要凭据。

《孝经》是儒家学派关于孝道的专著,是对孔子、孟子、曾子孝道思想的继承和发展,在此基础上进一步丰富和完善了孝的理论,并将孝的地位和作用推向极致,其浓厚的政治色彩使传统孝道的家庭伦理、血脉亲情湮没于君王治理天下的纲常伦理中。可以说,《孝经》是特定历史时代的产物,是封建君主专制时代到来之前在思想领域的一次全面的总结，是适应专制统治需要的。《孝经》中有大量关于事君、忠君的理念，被历代统治者所推崇。

自汉代始，历代统治者基本上都推崇以孝治天下，孝的精神和理念渗透到统治政策中。比如，统治者提倡孝道，褒奖孝悌，最为普遍的就是以孝选官了。"以孝选官"，一方面可以为国家选拔需要的人才，充实到统治者的官僚队伍中，为自己的统治服务；另一方面，在古代社会，绝大多数人的内心深处都渴望步入仕途，而统治者"以孝选官"，无疑是给了很多普通人做官的希望，越来越多的人通过这条捷径通往仕途，而统治者也借此宣扬了孝道。当孝道成为全民信仰时，统治者也就很容易实现天下太平的愿望了。

儒家孝道倡导"以孝治天下"，虽然不能从根本上取消阶级之间的对立和矛盾，但是在一定程度上不失为一种缓和矛盾的途径。但是不可否认的是，随着封建社会的不断发展，孝道本身的意味越来越被淡化，其本来的意义被扭曲了。特别是到宋元明清时期，孝道观念被宋明理学家们进行了加工改造，其精神实质已经背离了儒家传统的孝道原则。不管孝道怎样发展演变，必须承认的是，孝道在古代社会，不管是奴隶社会还是封建社会，都以其特有的政治功能而备受统治者的推崇。

六 《吕氏春秋》中蕴含的选官思想

《吕氏春秋》完成于战国时期，是先秦时期非常重要的一部巨著。这部巨著主要由秦相吕不韦招揽门客编撰而成。吕不韦看到了人才的力量，也看到许多能言善辩之士纷纷著书立说，宣传自己的学说，并且广为流传。吕不韦虽是商人出身，却独具政治眼光和远大抱负。于是，他下令凡是能够撰写文章的人，都把自己的所见所闻和自己对政事的感想写出来，由于门类庞杂，因此，吕不韦又找专人进行筛选、整理和润色，最终形成了颇有影响力的著作。

《吕氏春秋》综合了当时诸子百家的思想，并对其进行了总结性的批判。通过著书的途径把各家学说引入秦国，为秦一统天下提供了一套理论基础。《吕氏春秋》中的思想较为庞杂，可以划归到杂家的行列。编撰的过程实际上就是一个批判、吸收的过程。儒家主张维护君权，《吕氏春秋》在继承这一思想的同时，又对其进行了改造，书中有类似于"执一"这样的观念。由此可见，该书是主张君主实行专制统治的。又比如说，《吕氏春秋》对于墨家的思想也有所吸收，它同意墨子"节葬"的观念，认为应该以节俭为荣。但是与墨家思想不同的是，《吕氏春秋》主张不能一味地反对战争，认为正义的战争应该得到人民的拥护。这实际上为秦国进行统一六国的战争提供了极好的借口。

但是就其主要内容来看，儒家思想在书中占有重要地位，吕不韦恰恰通过编撰该书，将儒家思想引入秦国，并且由此获得了长足发展。儒家学派非常重视伦理道德规范，注重孝道，认为孝乃是诸德之本。春秋战国时期的很多儒家著作中都用大篇幅论述为孝之道，而《吕氏春秋》针对秦国历来不太重视礼法的特点，专门列出《孝行览》一篇来强调孝的重要性。

《孝行》篇中认为，君主统治天下、治理国家，必须把根基性的东西放在首位。何为根基性的东西？所谓根本，没有比孝道更为重要的了。因为君主如果能做到孝，那么就会有好的名声，臣民们就会心悦诚服地效忠于他，天下人也会称赞天子的德行；臣民如果能够做到孝，那么在侍奉君王的时候一定会非常忠诚，有着良好的道德品行，为官时自然地能做到清正廉明；士人和普通百姓如果能做到孝，那么在劳作时就会尽己之力，肯定会有好的收成。由此可见，孝乃君主治国之本，有了孝道，君主就有了治国的法宝。

儒家重视修身，并将其作为君主治国平天下的基础。《吕氏春秋》中继承了儒家的思想，书中关于修身的理论比比皆是。《执一》篇中记载："为国之本在于为身，身为而家为，家为而国为，国为而天下为。故曰以身为家，以家为国，以国为天下。"《吕氏春秋》中注重修身，认为治理国家的根本是让臣民修身，重视臣民的道德修养，这也是后世君主选拔官员的一个重要参照。作为普通百姓，根本的教养是孝顺，相比而言，奉养父母是很容易做到的，但是对父母恭敬是很难做到的；对父母恭敬是可以做到的，但让父母过得舒适是难做到的；让父母过得舒适是可以做到的，但能始终如一是难做到的。父母死了以后，自己行为谨慎，不要带给父母坏名声，可以叫做能善始善终了。对于君主而言，要想治理好国家，除了自身的执政能力外，还要有可靠的左右手来辅佐。要想统治长久，那么这些左右手就必须选拔那些有德行、重修身的人。因此可以说，《吕氏春秋》尽管庞杂，但是其中的一些思想对君主治理国家、选拔官员甚为有用。

不仅如此，《吕氏春秋》还接受了儒家的尚贤主张。尚贤的思想在儒家典籍中多有体现，《礼记·礼运》中云："大道之行也，天下为公，选贤与能。"这一观点一直被儒家所推崇，《荀子·富国》篇中还提到了选拔人才的标准："不恤亲疏，不恤贵贱，唯诚能之求。"《吕氏春秋》在编撰的过程中由于深受儒家思想的影响，因此书中的尚贤思想也是非常鲜明的，比如在《贵公》、《去私》、《察贤》、《期贤》等篇中就渗透着这样的思想。《察贤》篇中记载："今有良医于此，治十人而起九人，所以求之万也。故贤者之致功名也，必乎良医，而君人者不知疾求，岂过哉?"这段记载非常形象,将贤士比喻成良医,认为君主如果不知道去慧眼识人,选拔这些贤才的话,那会是极大的损失。《求人》篇中有云:"身定,国安,天下治,必贤人。"一个国家要想安定,天下大治,必须要选拔贤人协助君主治理国家。而关于选拔人才的标准,书中也有所记载,"举人之本,太上以志,其次以事,其次以功"。由此可见,选拔人才最先考虑的是一个人的志向和胸怀,其次考虑的是个人的能力,最后才是一个人的功绩。

《吕氏春秋》中蕴含着很多选官的思想,对于后世君主选拔官员、治理国家有很强的指导意义。

第三章 "孝治天下"——秦汉时期以孝选官蔚然成风

一 汉惠帝、吕后开汉代"举孝授官"之先河

古语有云:"政以德为本,德以孝为大。"以孝悌人伦道德为依据举孝选官,是儒家"寓政于德"政治伦理思想在官场人事制度中的具体实践。

西汉初年,高祖刘邦重新统一全国,"举孝选官"的实践并未存在。这时选拔人才、委任官吏,以军功为主,"公卿皆武力功臣"。

《汉书·高祖纪》载,刘邦平定天下,大封功臣,初时已封大功臣三十多人,其余人等因争功而未得封赏。刘邦居住南宫,一次从复道上望见诸将往往相对私语。刘邦觉得奇怪,询问张良,张良说:"陛下与他们共同取得天下,现在已经成为天子,所封皆是喜爱的人,所诛皆是仇怨的人。而今军吏计功,众人以为有功者多,而土地少,天下土地用尽,也不足以全部封赏,又害怕以过失被杀,故想相聚谋反。"刘邦大吃一惊,问以补救之法。张良说:"可以选取一个跟陛下有旧嫌,并且大家都最清楚的人,先封赏他以作示范。"刘邦听从了这一建议。当年三月,刘邦置摆酒筵,以封雍齿,并促令丞相尽快定功行封。罢酒后,

群臣皆大欢喜,说:"雍齿都封侯了,我们不必担心了!"

这件事告诉我们,刘邦之时军功人才太多,已占据了国家的绝大部分官职,其他方式的选才举措无用武之地。

但军功是一种特殊机遇,以军功选才,不仅有弊而且不可为长久之计。因而,汉初建立了"任子"、"赀选"等制度,以作为补充。任子制是世袭制;赀选则以较高的财产标准限制了大部分人的入选资格。然而这些制度,不仅排斥了被统治阶级,也排斥了地主阶级的下层,引起在野者阶层的强烈不满。因此刘邦于十一年(前196)发布了一道要求各地荐贤的诏书:"贤良的士大夫有肯从我游者,吾能尊显你们。布告天下,使明知朕意。"

刘邦颁发的诏书可以视为西汉选举制度产生的萌芽,但这封诏书对士大夫的要求过于模糊。惠帝时,"孝"观念进入政治领域,从而开启了"举孝授官"的先河。《汉书·惠帝纪》载,惠帝四年(前191),皇帝下诏选举百姓中的孝悌者,只是免除他们的租税及徭役,但并没有授予官职,也没有其他进一步规定。

惠帝重视孝悌并非偶然,其为太子时,就以仁孝著名。《汉书·张良传》载,惠帝为太子时,刘邦常想废掉太子,改立戚夫人的儿子赵王刘如意。当时,大臣多争言太子不可废,但并没有得到刘邦的坚决表态。太子的生母吕后非常恐惧,又不知如何是好。有人建言:"张良善于谋划,皇帝信用他。"吕后乃使吕泽威逼张良,说:"你常做皇帝的谋臣,而今皇帝天天想着改易太子,你还怎么能高枕而卧呢?"张良说:"当初皇帝在急困之中,才用我的计策;如今天下安定,皇帝要换太子,这是骨肉之间的事情,我这样的外人去劝说皇帝,虽是一百个也没有用啊!"吕泽强行要求说:"你快为我出主意。"张良无奈,只得说:"这不是口舌所能争取到的事。当今天下有四人皇帝不能请来,四人年老,都以为皇帝慢侮士人,故逃匿山中,不当汉臣。然而皇帝崇尚他们。如果让太子修书，将他们请来，以见皇帝，则帮助甚大。"于是吕后令吕泽使人奉上太子书笺，请来四人。这四人便是著名的"商山四皓"，他们分别是园公、绮里季、夏黄公、用里先生。

高祖十二年（前195），刘邦病重，更加想换太子，张良劝谏，皇帝不听。太傅叔孙通以死为太子争位，刘邦乃假装应许，可心里还是想换。一次刘邦宫中摆酒，太子在旁侍立。四皓跟从太子，年皆八十多，须眉皓白，衣冠甚伟。刘邦见而奇怪，问："你们是什么人？"四皓对言他们的姓名。刘邦吃了一惊，说："我寻求你们诸公，你们避逃我，今天诸公为何随从我的儿子呢？"四皓说："陛下轻侮士人，我等义不受辱，所以恐惧逃亡。如今听闻太子仁孝，恭敬爱士，故而我等愿来。"刘邦说："烦劳诸公调护太子。"此后，刘邦竟没换太子，正是有赖四皓之力。而四皓得以请来，在很大程度上是缘于太子仁孝。惠帝当太子就仁孝，当皇帝后重视孝悌情在理中。

到吕后主政时，举"孝悌"出现了一些变化，此时的"孝悌"是各方选出来的乡官，以教化一乡为目的，成为地方政府属吏。《汉书·高后纪》载，吕后元年（前187），初次设置"孝悌力田"这一官职，俸禄二千石。二千石是郡守级别的俸禄，待遇甚高。故而为《汉书》作注的颜师古说："特置孝悌力田官而尊其秩，欲以劝厉天下，令他们敦促百姓务行本业。"从此以后，终两汉之世，举"孝悌力田"成为一种固定的制度。这些被推举出来的"孝悌力田"，或免除其摇役，或厚加赏赐，其作用无非是使其为民表率，除个别例外，一般都不是到政府去做官，至多和三老相似，做一个乡官而已。所以这和两汉通行的作为官吏进身的察举制度不同。察举制度中也有"举孝"一项内容，但和"孝悌力田"则是两回事，不可混淆。

二 从"缇萦救父"看汉文帝对"孝"的态度

"缇萦救父"在汉代法制史上是一个转折性事件,汉文帝特为此事下令除去肉刑,从而结束了周秦时期广泛使用的传统肉刑制度。肉刑的去除,除刑罚本身发展的历史必然外,文帝对"孝"的态度也是一个重要因素。

缇萦,姓淳于,临淄人,是西汉名医太仓令(管理王朝总粮仓的长官)淳于意的小女儿。文帝十三年(前167),有人上书说淳于意违法,淳于意因而获罪,当押解到长安受肉刑〔当时肉刑包括:黥(在脸上刻记号或文字并涂上墨)、劓(割鼻)、刖(断足)、宫(毁坏生殖器)等刑罚〕。淳于意没有儿子,只有五个女儿。临行时,女儿们都哭泣不止,淳于意看着生气,便骂道:"生子没有生到男孩子,事遇紧急毫无用益!"当时,他的小女儿缇萦听着非常悲伤,也只得独自哭泣。但不同的是,缇萦并不只是伤心而已,而是跟随他的父亲来到长安,上书皇帝说:"妾(卑称,指我)的父亲任为官吏,齐地的百姓都称赞他为官清廉平正,今天违法应当处刑。但妾所悲伤的是'死者不可复生,刑者不可复属'(指肉刑之后人的躯体受到破坏,不能再恢复到原来的样子),虽以后想改过自新,也没办法了。妾愿没入官府为奴婢,以赎父亲的刑罪,使得父亲可以改过自新。"上书传给文帝,文帝悲怜缇萦的孝意,于是下令去除肉刑,改易刑罚。

正是缇萦的孝心感动了文帝,使文帝做出了这一传颂千古的举措。这一事件也可看出文帝对孝极为重视。这与文帝自身的品质密切相关。

汉文帝刘恒,是汉高祖第三子,薄太后所生。高后八年(前180)即帝位。他以仁孝之名闻于天下,侍奉母亲从不懈怠。母亲卧病三年，他常常目不交睫，衣不解带；母亲所服的汤药，他亲口尝过后才放心让母亲服用。

除为母"亲尝汤药"外，文帝的孝道在政治实践中亦有突出体现。在文帝眼中，"孝悌，天下之大顺也"。孝悌的地位如此崇高，故而文帝规定，县乃至于乡，要根据人口规模设立孝悌力田常员，此为吕后政策的接续。同时，文帝开始选孝者为郎，进入中央储才机关。《汉书·冯唐传》载：冯唐以至孝著闻，得为郎中，任郎中署长，臣事文帝。此时，"孝"作为人才选拔的一项重要标准，已确定下来。

三 做官也有捷径——汉武帝之"举孝廉"

孝廉即孝子廉吏，是汉代察举科目中的一种。察举是汉代选拔官吏的一项重要制度。汉代察举的科目很多，主要有孝廉、茂才、贤良方正与文学（通常指经学）、明经、明法、尤异、治剧、兵法、阴阳灾异及其他临时规定的特殊科目。这些都是功名，有了功名，便可实授官职。汉代察举的标准，大致不出四科：一曰德行高妙，志节清白（如孝廉、贤良方正）；二曰学通行修，经中博士（如文学、明经）；三曰明达法令，足以决疑，能按章覆问，文中御史（如明法）；四曰刚毅多略，遭事不惑，明足以决，才任三辅令（如治剧），皆有孝悌廉公之行。四科取士，大约起于汉武帝，其后以迄东汉，大体未改。

"举孝廉"制度确立于武帝时期，为董仲舒首发。"举孝廉"制度的确立与在野地主阶层的斗争是分不开的。武帝即位后，一批布衣地主即对军功选官、任子、货选等展开批评，董仲舒向汉武帝提出推行贤人政治："使诸列侯、郡守、二千石各择其吏民中的贤能之人，每年贡举各二人以给宿卫。"武帝接受这一主张，元光元年（前134）首次颁布了"令郡国举孝廉各一人"的诏令。

另外，"举孝廉"制度的确立还与汉初的武力功臣退出历史舞台关系极大。这里以高祖时封侯的功臣为例来说明这一问题。这批功臣在汉文帝之初尚存留46%，但经过文帝统治的二三十年时间，他们中的绝大部分已经去世，延续到景帝时只剩下五人，仅占原封侯者143人的3.5%，迨武帝时期，便呈现出"元功宿将略尽"的局面。这些功臣的后代，虽说都承袭了前辈的爵位，但骄逸腐化，忘记了他们先祖的艰难，许多人违法犯律，命丧亡国，故当武帝后元之年（前88），也已经少有遗留了。因此，武帝改革选官制度一方面具有紧迫感，急需选用新人接续；另一方面，武力功臣所剩无几，改革的阻力不复存在。

"举孝廉"是儒家思想的反映。汉武帝时期的儒者们，为了参政议政，便追求"独尊儒术"。而汉武帝也想摆脱汉初以来军功官吏和黄老势力的束缚。"举孝廉"正是汉武帝完成统一思想，强化封建统治目的的重要杠杆。汉武帝确立了其独尊的统治，"举孝廉"也被作为一种岁举常制固定下来，也就是说孝子廉吏所反映的儒家伦理道德观念被确立下来。

举孝察廉原为察举二科，武帝元光元年（前134）初令郡国举孝廉各一人，即举孝和廉各一人。察举孝廉到后来也出现了孝廉合称的现象。《汉书》中记载师丹、京房、孟喜均是"举孝廉为郎"。西汉晚期，孝与廉已合并成为察举的主要科目。孝廉察举制的主要内容有：1. 面向全体"吏民"；2. 举主为郡国守相；3. 岁举；4. 每郡国有人数限制（一人或二人）。以后西汉各朝以及东汉各朝虽然有所修正增改，但其中的大致范围没超出武帝时代。

然而，武帝"举孝廉"制度的改革并非一帆风顺，原因是汉承秦法，举人失当者有罪，所以各郡国对察举孝廉并不积极，

"或至阖郡而不荐一人"。因此，汉武帝在元朔元年（前128）又下了一道严格限制必须举人的诏书："进贡贤者将接受上等的奖赏，阻蔽贤者将蒙受公开的杀戮，这是上古的治国之道。有关部门与中二千石、礼官、博士讨论不举孝廉官员的罪行。"有关部门在讨论后奏说："当今诏书昭显先帝的圣德，下令二千石举孝廉，所以教化百姓，以使移风易俗。不举孝，不奉诏，当以不敬论。不察廉，则不胜任本职，当免官。"武帝正式批示"奏可"。"不敬"在汉代是重罪，法当斩首，甚至族诛。有了这个硬性的规定，自此以后，岁举孝廉制度才得以贯彻实行。

孝廉一科，在汉代实乃清流之目，为官吏进身的正途。吏、民一旦察举为"孝廉"，均给以优厚待遇，或在中央多以郎署为主，再迁为尚书、侍御史、侍中、中郎将等官；或在地方则为令、长、丞、尉，再迁为太守、刺史。汉武帝以后，迄于东汉，一些所谓名公巨卿，有不少是孝廉出身，对汉代政治影响很大。许多人才循着这条道路得以升迁，天下士人通过举荐汇集于朝廷，以至到东汉时，察举的"孝廉"已没有官职所能消化。

"举孝廉"的目的是达到"移孝作忠"，即由修身齐家推于治国为政，在家为孝子，在朝为忠臣。《吕氏春秋·孝行览》言"人臣孝，则事君忠"，《孝经》说"以孝事君则忠"，都是为这一目的做宣传。

在西汉，忠、孝有时仍然各自分开。《汉书·王尊传》载，王阳任益州刺史，见蜀地山路险峻，叹曰："奉先人遗体，为什么要踏此天险？"遂以病辞官。后王尊任益州刺史，走到这里，问部下说："这不就是王阳所畏惧的道路么？"遂不畏天险，勇敢地冲了过去，并说："王阳为孝子，王尊为忠臣。"

因此，朝廷提倡"孝"，推行"举孝廉"，正是为了弥合孝、忠两者之间的裂缝，达到"以孝作忠"的本质目的。

这一目的在一定程度上是达到了，东汉赵苞忠不顾亲就是一个显著的例子。赵苞举为孝廉，担任了广陵令。任职三年，升迁辽西太守。第二年，赵苞派人回家乡迎接自己的母亲和妻儿。一行人快到辽西的时候，途经柳城，正值鲜卑万余人侵入边塞抢掠，赵苞的老母妻儿都被劫走做了人质。鲜卑押着他们进攻郡城，赵苞率两万步骑与敌对阵。鲜卑把他一家老小推到阵前，逼他投降。赵苞一边悲号，一边对母亲喊道："儿子没出息，本想挣一点俸禄侍养大人，不料给大人带来灾祸。儿子过去和您是母子，如今是国家大臣，王命在身，岂能顾私亲，毁忠节？恨不得立即死掉，以塞重罪！"赵母也向着赵苞高喊："人各有命，你不要顾及我，亏了忠义大节。你能做个忠臣，我死而无憾！"赵苞早已泪流满面，他紧咬牙关，率军冲入敌阵，全部击溃了敌军，母亲和妻儿都被敌人杀害。朝廷闻讯，派人去吊唁和慰问他，又封他为鄃侯，表彰了这种忠不顾亲的行为。

四 谁说年龄不是问题？——汉顺帝对"举孝"的年龄限制

"举孝"的年龄限制，东汉初即已有之。东汉明帝时期，孝廉察举制度出现种种弊端。正如《后汉书·樊宏列传·樊儵》载，郡国举孝廉，率多选取年少能报恩的人，耆宿大贤多见废弃，因而樊儵上书建言"应当敕令郡国简用良俊"。从此，举孝廉限年三十。和帝年间，崔瑗曾上书对此提出异议。《渊鉴类函·孝廉》引《崔氏家传》说："臣闻孝廉皆限年三十，乃得察举，恐怕会失去贤才之士。"查《后汉书》，这期间第五伦是四十多岁举孝廉，鲁王也是四十多岁举孝廉，寒朗是三十多岁举孝廉，可见东汉初"举孝"限年三十属实。

到顺帝时，左雄针对"举孝廉"的弊端，进一步提出改革措施，规定"举孝"限年四十。左雄字伯豪，南郡涅阳人。安帝时，左雄举为孝廉，稍迁冀州刺史，州部多豪族，好请托，雄常闭门不与交通。正因是孝廉出身，左雄对孝廉察举制度的弊端甚是清楚，故而在他任尚书令时，上言顺帝改革察举孝廉制度，他说："郡国的孝廉，就像上古的贡士，出任地方则为民父母官，宣扬教化，协和风俗。如若他们只是在家面墙而不被察举，则无所施用。孔子说'人到四十不会困惑'，《礼》也言'人到四十才称强，因而可以为官'。请自今孝廉年不满四十，不得察举。如有不奉行科令者，正其罪法。若有茂才异行，可以不拘年龄。"顺帝听从了左雄的建议，于是诏令颁下郡国。

左雄提出改革内容以后，在朝廷引起了轰动，同时也招致不少人的驳斥，其中尤以胡广等人的反击最为有力。《后汉书·胡广传》载，时任尚书仆射的胡广与尚书郭虔、史敞上书反驳左雄说："窃见尚书令左雄建议郡举孝廉，皆限年四十以上。陛下明诏既许，复令臣等得与互相参议。窃惟王命之重，载入典籍，应当像日月悬在空中一样，众人皆可看见，像金石一样稳固，可以传承百代，施行万世。《诗》言：'天意难信，然天子不可改易。'陛下应该要慎重下诏啊！自古因才选举，不拘定制。甘罗年十二、子奇年十八得到重用，均是年龄有违《礼》所说'四十强而仕'的规定；终军年十八、贾谊年十八扬名天下，亦在弱冠的年龄。而今仅以左雄一臣之言，乖违以前的章法，其是否便利则不甚明了，以致众心不服。"顺帝没有接受胡广等人的意见。

左雄的"举孝"限年制度在当时确被严格执行了。《后汉书·左雄传》载，左雄提出改革的次年，有一个广陵郡所举的孝廉徐淑，没有达到被举的年龄，主持选举的尚书台郎官见到他后，颇为怀疑，因而诘问他。他回答："诏书说'有如颜回、子奇般的人才，可以不拘年龄'，所以本郡选臣为孝廉。"郎官不能使他心服口服承认违规。这事上报给了尚书令（尚书台的最高长官）左雄，左雄诘问徐淑："昔时颜回闻一知十，你作为孝廉闻一知几呢？"徐淑无言以对，被遣还本郡。于是济阴太守胡广等十人皆因"举孝"违规被免官黜职，只有汝南郡、颍川郡、下邳郡所举孝廉陈蕃、李膺、陈球等三十余人符合要求，得拜郎中。自是牧守人人畏惧，莫敢轻易"举孝"。从此直到永嘉之时，察举之风清平，国家多得其人。

然而好景不长，质帝以降，朝政相继由外戚、宦官把持。滥举、请托之风重新盛行。左雄察举孝廉制度逐渐淡出了人们的视野，湮没在汉末政治斗争的洪流之中。

五　为已死皇帝守陵而得官——最为荒诞的以孝选官

以孝选官制度经顺帝时左雄改革，察举堪称清平。但到灵帝时，以孝选官制度趋于腐败，这与灵帝治政的荒淫密切相关。

灵帝早年只是个解渎亭侯，住在偏远的河间，生活清苦，不意由蛇化龙，成为天子，恨不得把世上的财富全据己有，为此不择手段聚敛钱财。他下令全国，每亩田地增杂税十钱，又公开卖官鬻爵，明码标价，从关内侯、虎贲中郎将、羽林校尉到各级官吏都卖，价格不等，俸禄二千石的官职，卖二千万钱，四百石的官职卖四百万钱。连朝廷最高职位公卿，也被标价出卖。曹操的父亲曹嵩，在灵帝时就是通过贿赂宫中宦官，花了一亿万钱，才当上了东汉最高官职太尉。

在封建时代，皇帝作为国家的代表，"普天之下，莫非王土"，因而他也就不必再有什么个人财产，其一切费用全由国库支出。但灵帝觉得这些不够，他千方百计攒起了私房钱。他在西园建了一座万金堂，凡卖官而来的钱都放在里面。后来觉得这样做还不保险，于是便把钱悄悄存在宦官家，一家存了数千万。

灵帝特别爱玩，玩法花样百出。他让人在后宫西园盖了一条商业街，各种店铺鳞次栉比，宫女们扮成店主，贩卖货物。他身穿商贾服装，每到一处，宫女们献上酒食，他便与众人同坐一处，如在民间酒肆一样，吆五喝六，劝酒行令，以此为乐。

灵帝追逐新奇和荒奢的本性，使得他在举孝选官上也别出心裁。桓帝驾崩，葬于宣陵。灵帝建宁元年（168），有一群市贾小民，聚集宣陵，假名称孝，为桓帝守陵。灵帝看到大为高兴，诏令所有宣陵孝子全部任官，有的当上了郎中，有的当了太子舍人。

郎中、太子舍人是什么级别的官呢？以俸禄而言，郎中的俸禄相当于三百石，太子舍人的俸禄是二百石。相比县令俸禄六百石，他们的俸禄确实不高，但郎中和太子舍人升迁快，是为进入官场的捷径。不光如此，郎中和太子舍人的任职资格也非常高。《后汉书·安帝纪》载，安帝下诏自大将军至六百石官员，都遣送儿子到太学（东汉最高学府）学习，学满一年后考试，授予成绩最好的五人以郎中之职，成绩稍次的五人太子舍人一职。又《后汉书·献帝纪》载，献帝诏令考试儒生四十余人，成绩得上第的赐位郎中，次等的授位太子舍人，下第的罢免。任职资格之高，由此可见一斑。

此外，从《汉官仪》的记载来看，郎中是孝廉除官过程中最常做的官。在《后汉书》所记东汉163个孝廉中，除官可考的有66人，其中31人拜为郎中，将近占据50%。与"郎中"比秩的"太子舍人"也是被举荐者经常担任的官职，故而"宣陵孝子"也被当成了"举孝廉"，而获授郎中、太子舍人。

但灵帝这一做法实为荒诞，这些市贾民一无功劳，二无才德，只因为皇帝守孝便得尊崇的职位。而且这批"孝子"中有一个东郡人竟然是罪犯，所犯罪行为偷盗别人的妻子。结果此人被本县追捕，最后伏法。无怪乎大臣蔡邕劝谏灵帝说："臣听闻前汉文皇帝制诏天下只服丧三十六日，不管是与文帝有父子至亲关系的继位君主，还是受了皇帝重恩的公卿列臣，都把自己的感情藏在心里而遵守制度，不敢有丝毫逾越犯纪的行为。而今这些虚伪的市贾小人，本非皇帝的骨肉，既不存有皇帝对他们的私恩，又没有任官拿国家的俸禄，然而他们平白无故面露哀戚，心生悲思，这种情感缘何而来呢？"灵帝听后，不得已下诏改任宣陵孝子为丞、尉之职，这对"孝子"们而言，也是莫大的恩典了。

六　徒有虚名的孝——"举孝廉，父别居"

东晋葛洪在《抱朴子·审举篇》中说："灵帝、献帝时期，宦官当势，群奸掌权，危害忠良。中央察举人才措施失当，下面州郡也不重视贡举人才，故而当时谚语说：'举秀才，不知书；察孝廉，父别居。寒素清白浊如泥，高第良将怯如鸡。'意思是说：地方贡举的秀才，却没有多少学识；察举的孝廉，却与父母分开居住。所选寒素清白的人却如淤泥一样污浊不堪，所举的高第良将却像鸡禽一样胆小。"

在汉代，儿子与父母别居，被视为不孝。如果官员做出这种不孝的举动，将会受到惩罚。《后汉书·臧宫传》载，臧宫因功勋卓著，被封为朗陵侯，其死后，侯爵传给他的儿子，继而一直传到他的重孙臧松手中。安帝元初四年，臧松与母亲别居，被发现后，朝廷剥夺了他的爵位，朗陵侯国被废除。

东汉末期，察举的权力掌握在极少数达官贵戚之手，大多数情况下是帝王下诏,由公卿和郡国守相按照一定的要求来察举,由于缺乏必要的监督措施作保证,察举不实、所举非人的现象时有发生,如征辟的人数有限,影响不大,而察举涉及面广,所举之人数量大,存在的问题及其影响就越来越严重。

东汉的许武就依靠财力使其弟弟获取虚名,操作地方察举孝廉。《后汉书·许荆传》载,许荆的祖父许武被举孝廉后,想让他的两个弟弟也成名,便与弟弟分家,把所有财产分割成三份,他自取其中肥沃的田地、宽广的宅院和强壮的奴婢,而把差的分给弟弟。这样,他的两个弟弟获得了"克让"的名声,亦被举为孝廉。之后,许武大会亲戚和族人,当众宣布了他使两个弟弟成名的本意,并把在他辛苦经营下比以前增值了三倍的财产全部送给了两个弟弟,自己一无所留,于是许武获得了更大的声誉。

赵宣作假的丑闻也堪称典型,他在双亲死后搬到未封闭的墓道中服孝二十多年,乡邑称孝而获举荐,结果太守陈蕃调查后发现,赵宣在此期间竟然在墓道中生了五个孩子,成为当时的一大笑谈。

桓帝、灵帝时期,宦官专权,请托贿赂作伪作弊之风盛行,世家大族垄断仕途,所举之人,但以门资阀阅为标准,高门望族的子弟无德无才亦得以荐举,一般士人则入仕无门,空有满腹经纶。如《后汉书·阳球传》载,阳球家世代都是大族,一次,郡中有一位官吏侮辱了他的母亲,阳球便集结了少年数十人,杀死了这位官吏,并且灭了他的家。阳球不仅没事,反而"由是知名,初举孝廉,拜尚书侍郎"。再如袁术年少的时候以侠气闻名,经常与公子哥儿做些飞鹰走狗之事,以游闲公子名闻遐迩,然其家名门望族,四世三公,故而被"举孝廉,迁至河南尹"。

比较之下,一些正直的官吏在官场及社会恶势力控制下,难以将真正优秀的人才选拔出来,还可能因此得罪权贵。桓帝时,河东太守史弼就是在举孝廉之时拒绝权贵请托,因而得罪宦官侯览，遭其陷害，险些送命。《后汉书·史弼传》载，史弼当官特别压制豪强，小民有罪，反而多所宽宥。他在任河东太守时，诏书下令当要举孝廉。史弼知道这时会有许多权贵请托，于是他预先下令断绝一切这类疏通关系的往来。中常侍（宦官的最高官职）侯览果然遣人持书信前来请托，结果一整天都没有见到史弼人影。这人没办法，只得谎称有其他事情要谒见太守，骗得面见后便传达了侯览的书信。史弼大怒，说："太守为国家重任，应当选士报国，你是什么人，竟敢伪诈谎报！"便命左右带出，加以惩罚，捶打了数百下，府丞、掾史十余名下属官吏都来劝谏说侯览的人打不得，史弼不为所动。并不止于此，打了之后，史弼还命人将此人关进了安邑的牢狱，当天就把人杀了。侯览知道后非常怨恨，遂诬陷史弼诽谤朝廷。史弼便被关入囚车，押解进京，打入牢狱。这时有一位平原人为他奔走，到宫门前向皇帝申述冤情。还有前孝廉魏劭乔装打扮，谎称家僮，保护史弼。史弼最终还是受到诬陷，应当判处当街斩首。事情紧急，魏劭与同郡人便变卖郡中的府邸，贿赂侯览，才得减死罪一等，被罚输作左校（服劳役刑）。

相比史弼而言，田歆算得非常幸运。《后汉书·种暠传》载，河南尹（河南为京城所在地，故其太守称"尹"）田歆的外甥王谌，有知人之名，有一天，田歆对他说："今应当察举六个孝廉，现在已经收到了许多贵戚的书信命令，不好违背他们，但我也想自己选用一个名士来报答国家，你要帮助我寻求。"第二天，王谌送客到了大阳郭这个地方，远远地看见了种暠，觉得此人与众不同。回来后王谌告诉田歆："我为大人找到孝廉了，就是洛阳的门下史（汉代州郡长官自己选荐的属吏。因常居门下，故称）。"田歆笑着说："应当选举隐逸山泽的高士，近在洛阳的属吏也行吗？"王谌回答说："隐逸山泽的不一定是异士，异士也不必藏在山泽。"田歆听后，立即召见种暠，当场问以职责诸事。种暠对答如流，田歆很满意，便召主簿记上种暠的名字，于是种暠被举为孝廉。

东汉末官僚士大夫之间，亦以察举深相交结。汉代同年被察举者间互称"同岁"，同岁者关系密切。广汉太守五世公与司徒长史段辽叔为"同岁"，竟不顾段辽叔的长子"才操卤钝"，举为孝廉，舆论哗然。五世公转任南阳太守，又以私情接连察举其"同岁"蔡伯起的弟弟蔡琰，蔡伯起的儿子蔡瓒为孝廉。当时蔡瓒年十四，尚不够应举年龄。尚书台任命蔡瓒去做县令，瓒才说："我还处于弱冠之年，不能出任地方官。"慌乱中露了底细。

此类典型，在东汉又何止一例。而一般下层地主子弟为挤入选举，送礼行贿、伪饰德操、沽名钓誉的行为，就更为司空见惯了，难怪葛洪会发出如此感叹了。

七 "举孝"也担风险——官员"举孝失职"，亦受惩处

自秦以来，选举任人在法令上即有严格的规定。《史记·范雎列传》载："秦代的法律规定：选举任人而所选任的人违法，被举者犯了什么罪名，就以这个罪名处罚举者。"汉承秦制，选任得人与否，选任者与被选任者要负连带责任，功罪赏罚相同。

西汉武帝时令郡国贡举，有阖郡不举荐一人者，即由于选令严苛。《汉书·陈汤传》记载，富平侯张勃选举陈汤，陈汤在等待迁官的时候，父亲亡故，为尽孝道他应该回乡服丧，但是陈汤因故没有奔丧，司隶（监督京师和地方的监察官）举奏陈汤没有德行，陈汤被剥夺了当官资格。张勃以选举不实，负连带责任，他的侯国被削减了二百户。

东汉初年，为了纠正选举不实，官非其人的弊病，国家也曾

一再颁布匡正选举的诏书。东汉应劭的《汉官仪》引光武帝刘秀的诏书说:"方今选举,贤佞和佞臣交错,是非不明……有一些不合选举的人,在考核的时候,发现没有当官所具备的才能。被选举而来不符合诏书要求的人,有关部门举奏他的罪名,并且举主也要承担法律责任。"《后汉书·明帝纪》也记载了一份明帝的诏书,其中说:"如今选举不符合事实,邪佞之人没有去除,加之有权势的人贿赂察举,贪残的官吏又放手营私,百姓愁苦,怨情无处诉。有关部门务必举奏那些邪佞之人的罪名,如发现贡举不合要求者,被举者正法,举主也要一并承担相应的法律责任。"这些诏书并不是一纸虚言,而是在政治实践中得到了确实的运用。《后汉书·王丹传》载,王丹为太子少傅时,有一宾客向他举荐了一个人才,王丹非常信任这个宾客,就把此人贡举给了朝廷,可是后来被选举的人犯法,王丹也连带被免官。王丹的宾客非常惭愧,也很害怕,就不敢再见王丹,王丹对此无话可说。

顺帝时,地方官举孝廉失实,"济阴太守胡广等十余人皆因选举不当而被免官黜职……自此之后,地方官非常震慄,不敢轻易选举。直到永熹年之时,察举清平,国家多得其人"。由此可知,追究举孝失职官员的行政及法律责任,对保证举荐质量,维系朝廷举孝选官人事制度的正常运作,是行之有效的一项重要配套措施。

相反,如果选举得人,不仅被举者可以升迁,而举者也要受到嘉奖。《后汉书·胡广传》记载,胡广字伯始,南郡华容人,父亲做官到了交阯都尉,母亲很早就亡故了。故而胡广少年孤贫,亲自操持家事。长大后,胡广入郡为散吏。一天,太守法雄的儿子法真,从家乡来看望父亲。法真颇有知人之名,这时正当年终,郡中应该察举孝廉,法雄便命儿子帮助求取人才。法雄因而大会各位吏员,法真则从一个窗口处秘密观察他们。经过仔细察看，法真认定了胡广，便告诉父亲，结果胡广被举为孝廉。胡广到京师后，接受朝廷的考核，安帝以胡广为天下第一，于是公府下诏褒奖法雄。

人才是立国之本，汉代选举责任制的实行，规范了选举实践，这一举措对当今国家求取人才不无借鉴意义。

八 "与时俱进"——汉代举孝选官政策的调整

"举孝选官"自西汉惠帝、吕后开先河之后，其政策随时代的变化而发展。

武帝元光元年（前134），诏令郡国举孝廉各一人，确立了举孝选官制度。西汉举孝选官，所举之"孝廉"并不需要另行考核，即直接授予官职。如若政治清明，在选举责任制的监察下，举孝选官可以顺利实行，所举的人才也会胜任本职。但到西汉后期，权臣当政，皇权下移，政事渐损，举孝选官之时请托频仍，选举责任制已成一纸空言，举孝选官制度遭到破坏。如此，要想选举的人才胜任职事，则没有任何制度保障。《汉书·何并传》记载，严诩本以举孝当上了颍川太守，在为官期间，他把属下的"掾史"等小官吏当做老师、朋友一样对待。如果"掾史"们有过错，严诩并不责罚他们，反而自己闭门思过，自责自罚。如此一来，颍川郡在他的治理下，乱无章纪。王莽便派使者征调他到京城，临行时，属下官吏几百人为他送行，这时，严诩坐在地上痛哭起来，大家非常吃惊，不禁而言："大人您被征调京城，这是吉利之事，不宜这样哭泣。"严诩却说："我是哀怜颍川的士人，他们该有忧患了！我是以柔弱而遭征调，必然会选举一个刚猛的官员代替我。代替的官员一到，定将有人受害，所以我现在是预先凭吊受害人罢了。"

严诩被举孝为官,但并不懂为吏之道。故而到东汉光武帝之时,察举孝廉规定"授试以职",即举为孝廉前,先在地方担任一定的吏职,以试其有无为政能力或培养他们的为政能力。举孝试职时间,本无限定,是逐渐形成的。光武、章帝、和帝是原则上的要求。顺帝时,左雄改制规定官员要有一年以上的吏职经历,地方郡国才可以察举。汉桓帝时,举孝为官所要求的吏职经历进一步延长,汉桓帝时诏令说:"孝廉、廉吏都是要治理一方,管理百姓,禁止奸邪,褒举良善。兴革教化的本务都是通过这些而得以实现。……下令俸禄满百石,任职十年以上,具有特别才能和德行的人才可以参选为官。贪官的子孙,不得被察举。"可知从顺帝到桓帝,对被举者的试职时间规定日益清晰,即要求有十年以上的吏职经历。

与举孝试职时间延长比肩而行的是,试职的科目也在不断增长。《后汉书·左雄传》载,汉顺帝阳嘉元年(132),尚书令左雄提出改革察举制度的方案。方案规定应举孝廉者"诸生试家法,文吏课笺奏",即中央对儒生出身的孝廉,要求考试经术,文吏出身的则考试笺奏。从此以后,岁举这一途径就出现了正规的考试之法,孝廉科因而也由一种地方长官的推荐制度,开始向中央考试制度过渡。

桓帝时,黄琼再次改革。《后汉书·黄琼传》记载:"黄琼以为左雄所上孝廉的选举专门选用'儒学'、'文吏',在察取人才方面,有所遗漏,于是上奏朝廷增加'孝悌'以及'能从政者'共为四科,这一建议得到施行。"四科即规定孝廉察举为儒学、文吏、孝悌、能从政者。这四项标准可翻译为:一、道德良好(孝悌);二、具有一定的文化修养(儒学);三、熟悉公文制度(文吏);四、具有管理能力(能从政)。黄琼又把孝者拉回孝廉科目,至此,儒学、文吏、孝悌、能从政者四科成为孝廉察举的主要内容。

西汉武帝时，郡国举孝人数为每郡一人，这一制度在以后的施行中，就会渐渐出现一些问题。小的郡国人数少，大的郡国人数多，同是举孝一人，比例失调，必然会引起大郡国的不满。《后汉书·丁鸿传》记载："当时大郡人口五六十万举孝廉二人，小郡人口二十万并有蛮夷者亦举二人，和帝以为不均等，下令公卿讨论这事。丁鸿与司空刘方上书说：'凡是郡国察举孝廉的口率，应当有等级的不同，蛮夷人口，不得算数量。自今郡国率二十万口岁举孝廉一人，四十万举二人，六十万举三人，八十万举四人，一百万举五人，一百二十万举六人。不满二十万的郡国二年举一人，不满十万的郡国三年举一人。'和帝听从了这一建议。"到和帝永元十三年（101），和帝又对边郡举孝廉口率做了调整，其诏令说："幽、并、凉州户口率少，边地劳役繁重，律己修行的良吏，要升迁进职而道路狭窄。安抚管理夷狄，以人为本。其令缘边郡人口十万以上每年举孝廉一人，不满十万的两年举一人，五万以下的三年举一人。"显然，这是对边疆地区给予的特殊恩典。

东汉汉明帝时期，举孝选官制度出现弊端，郡国举孝廉，率多选取年少能报恩的人，耆宿大贤多见废弃，故而举孝廉限年三十。顺帝时左雄改革进一步提高年龄限制，规定"举孝"限年四十。

从政策的不断调整来看，汉代举孝选官制度逐渐向规范化、严格化方向发展。但东汉末举孝选官制度的败坏与吏治败坏互相影响，互为因果，以致造成恶性循环，一败而不可收拾。

正如鲁迅先生在《我们现在怎样做父亲》一文中所指出："汉有举孝，唐有孝悌力田科，清末也还有孝廉方正，都可以换到官做。"一般士人由"孝"而"官"或官场中人由"孝"而

"迁",这是中国古代"孝治"施政付诸官场人事实践的必然结果。以孝选官把一批批具有良好孝德修身之人源源不断输送到各级仕宦岗位,这对改变官风官德,提高仕宦官员群体道德素养以形成劝民以孝、训孝化民"孝治"施政风气,无疑具有很大的推动促进作用。但另一方面,以孝选官不可避免地对入选者才干多有忽视,必然造成仕宦群体中"若辈多淳质而不及事"即理政能力低下的现象日趋严重。再进一步,封建官僚体制不可克服的利益裙带关系,必然造成举孝选官过程中难以杜绝的营私舞弊漏洞,出现"举秀才,不知书;察孝廉,父别居"以及"州郡贡察,徒有秀孝之名,而无秀孝之实"的弄虚作假现象。

九 名医华佗为何拒绝以"孝廉"入仕?

华佗字元化,沛国谯(今安徽省亳州市)人。他通晓很多部儒学经典,明晓养性之术,年龄将近百岁还有壮年的容貌,当时人都把他当成了神仙。沛相(沛国的最高执政长官)陈圭察举华佗为孝廉,太尉黄琬征辟他为官,但华佗都拒绝就职。

孝廉一科,在汉代实乃清流之目,为官吏进身的正途。为什么华佗要拒绝就职呢?《后汉书·方术列传下·华佗》记载,华佗本来是士人,通晓数部儒家经典(在汉代,通晓一部儒家经典就可当官),应以经学为官,但是如今却以医术知名而获察举,他自己感到耻辱,故而拒绝就职。

华佗的医术在当时的确名闻天下,他与董奉、张仲景(张机)并称为"建安三神医"。《后汉书·方术列传下·华佗》记载了许多华佗以精湛的医术治好病人的故事。有一郡守患疑难症,百医无效,其子来请华佗,陈述病情,苦求救治。华佗以为只有通过让病人发怒来调理机体,病人才会痊愈。于是华佗来到病人居室，问讯中言语轻慢，态度狂傲，索酬甚巨，却不予治疗而去，还留书谩骂。郡守原已强忍再三，至此大怒，派人追杀，踪迹全无。愤怒之下，吐黑血数升，沉疴顿愈。

又有一位军吏李成患上了咳嗽的病，咳嗽起来昼夜不止，无法安眠。华佗以为是肠道得了恶疮，便开了药粉两钱给他服用，李成立即就吐脓血二升，于此慢慢痊愈。华佗临走时告诫李成："过十八年之后，此病又会发动，若不能得到这种药，则会发病而亡。"于是华佗又给了李成一份药粉。五六年之后，同村人如成（人名）先得了这种病，便找到李成，苦苦哀求此药，李成怜悯如成就把药送给了他。过后，李成又前往华佗的家乡谯县向华佗求药，刚好遇到华佗被关入监狱，李成不忍开口。十八年后，李成病发，无药而死。

华佗除耻以医术见举不愿为官外，还有更深层的原因。东汉末期，外戚宦官掌权，政治腐败，不但华佗不愿当官，当时还有许多人也是如此。《后汉书·郭太传》载，郭太字林宗，家世贫贱，早年父亡，与母亲相依为命。母亲想要他到县里谋个差事，林宗却说："难道大丈夫还要做这种俸禄极少的差事吗？"于是便辞别母亲，来到成皋县求学，三年毕业，博通典籍。林宗善于谈论，音声仪制甚美。游学于洛阳，开始拜见河南尹李膺，李膺大奇林宗，于是两人相友善，此后林宗名震京师。后归乡里，衣冠诸儒送至河上，车数千两。林宗唯与李膺同舟过河，众宾望之，以为神仙。司徒黄琼征辟、太常赵典察举林宗为官，就有人劝说林宗当入官途，林宗回答说："我夜观天象，昼察人事，刘氏天下将会被天废弃，谁也不能力挽狂澜。"林宗便不应征辟、察举。

在黑暗的朝政下，这种被察举为官而不应就职的事例，《后汉书》中记载甚多。如，宗慈被举为孝廉，九次被公府征辟，皆不就职。檀敷举为孝廉，接连被公府征辟，也不就职。刘翊举为孝廉，不就职。王烈察为孝廉，三府都来征辟，皆不就职。岑蛭有高才，郭林宗、朱公叔等皆与他为好友，李膺、王畅称其有治国之能，虽在家乡，却有匡正天下的志向。太守成瑨刚任职，想振威严，闻听岑蛭高名，请为功曹（郡守的主要佐吏）。后来太守成瑨为治理好郡政，杀郡中横行霸道的富商张泛，此人是桓帝美人（汉宫妃嫔有十四等，美人位居第五等）的外亲，因而得罪桓帝的美人，被下狱处死。此事对岑蛭的打击很大，使他认清了朝政的腐败。此后，州郡察举、三府交相征辟他为官，他不为所动。

郑太的例子更为典型，《后汉书·郑太传》载，郑太字公业，河南开封人，年轻的时候就有才略。灵帝末，郑太知道天下将乱，于是暗地里结交豪杰。家富于财，有田四百顷，而因结交豪杰，食物常常供应不足，故而名闻山东。一开始被举孝廉，后来三府征辟，甚至皇帝派公车来征，都不就职。

华佗正是因为以自身而言，耻于医术见知；以国家而言，恨于政治腐败，故而虽被察举而并不就职。

公元220年，曹操操纵朝政，自任丞相，总揽军政大权，遂要华佗尽弃旁务，长留府中，专做他的侍医。华佗不愿意，便托故暂回家乡，一去不归。曹操多次写信催他回来，还曾命令郡县官员将华佗遣送回来，但是华佗均以妻病为由而不从。曹操恼羞成怒，遂以验看为名，派出专使，将华佗押解许昌，严刑拷问。面对曹操的淫威，华佗坚贞不屈，矢志不移。曹操益怒，欲杀华佗。虽有谋士一再进谏，说明华佗医术高超，世间少有，天下人命所系重，望能予以宽容，但曹操一意孤行，竟下令在狱中处决。华佗临死，仍不忘济世救民，将已写好的《青囊经》取出，交狱吏说："此书传世，可活苍生。"狱吏畏罪，不敢受书。华佗悲愤之余，只得将医书投入火中，一焚了之。后来，曹操的头风病几次发作，诸医束手无策，他仍无一丝悔意，还说："华佗能治愈我的病，然不为我根治，想以此要挟我，我不杀他，病也难痊愈。"直到这年冬天，曹操的爱子曹冲患病，诸医无术救治而死，这时曹操才悔恨地说："我悔杀华佗，才使此儿活活病死。"

华佗被害至今已经快两千年了，但人民还永远怀念他。江苏徐州有华佗纪念墓，沛县有华祖庙，庙里的一副对联，抒发了作者的情，总结了华佗的一生：

医者剖腹，实别开岐圣门庭，谁知狱吏庸才，致使遗书归一炬；

士贵洁身，岂屑侍奸雄左右，独憾史臣曲笔，反将厌事谤千秋。

十 《孝经》对汉代选官制度的影响

《孝经》是一部重要的儒家经典，篇幅简短，文字不满二千（今文经1799字，古文经1872字）。清代纪昀在《四库全书总目》中指出，该书是孔子"七十子之徒之遗言"，成书于秦汉之际。《孝经》以孔子与其门人曾参谈话的形式，阐述了孝的含义、作用等诸多问题，内容丰富、深刻。自西汉至魏晋南北朝期间，注解《孝经》者达到百家，现在流行的版本是唐玄宗李隆基注，宋代的邢昺疏。一些有远见的帝王，还纷纷为《孝经》作注，如魏文侯、晋孝武帝、梁武帝、梁简文帝、唐玄宗、清世祖、清圣祖、清世宗等。

《孝经》全书共分18章，后世言孝之书，其旨鲜能超出《孝经》。学者认为，《孝经》依其内容，18章大致可分为四部分：自《开宗明义章》至《庶人章》为第一部分，共六章，对孝加以概括性论述，并分别对不同地位人的孝的不同表现形式进行阐述。

这是全篇的宗旨所在；自《三才章》至《五刑章》为第二部分，共五章，主要讲述孝与治国的关系，强调孝在社会生活中的重要性。其中的《纪孝行章》则专论孝子应做之事，是对一般意义上的孝的解说；自《广至德章》至《广扬名章》为第三部分，共三章，是对《开宗明义章》中提到的"至德"、"要道"、"扬名"等概念的引申和发挥。因此，这一部分可视为《开宗明义章》的继续；自《谏争章》至《丧亲章》为第四部分，共四章，这部分各章之间内在联系不紧密，是分别以不同题目对前三部分内容进行发挥和补充。其中，《丧亲章》可视为全篇的总结。

《孝经》把一切道德行为统摄于孝德之下，对天子、诸侯、卿大夫、士、庶人等不同等级的人实行孝道的方法做出了具体规定，天子治天下、诸侯治国、卿大夫事君、庶人事亲都是孝。学者们分析，《孝经》分为五个等级的"孝"。天子之孝是不仅要对自己的亲人恪尽孝道，还要推而广之，以此教育人民，规范天下。对于诸侯，《孝经》要求其不骄不傲，谨慎有节，便能富贵不离其身，保有社稷宗庙。对于卿大夫，《孝经》要求其循规蹈矩，"非先王之法服不敢服，非先王之法言不敢言，非先王之德行不敢行"，做到"言满天下无口过，行满天下无怨恶"。对于士人，《孝经》要求将孝心化为忠顺，"以孝事君则忠，以敬事长则顺。忠顺不失，以事其上"，士人的孝可以用忠、顺二字概括。对于庶人，《孝经》要求其"勤身节用，以养父母"。

《孝经》虽然大谈孝道，但它的本质却并不在阐发孝道本身，而实际上是"移孝作忠"。选官制度的对象是士人，汉代就是以《孝经》为介质，构建选官制度的主导思想，以"孝"劝"忠"，弥合"孝"与"忠"、士人个体与国家之间的裂缝，做到在选官时选举忠孝两全的人才。正如《论语·学而》所说："其为人也孝弟（悌），而好犯上者鲜矣；不好犯上而好作乱者，未之有也。"因而,《孝经》中说:"夫孝,始于事亲,中于事君,终于立身。"又说:"君子之事亲孝,故忠可以移于君。事兄悌,故顺可移于长。居家理,故治可移于官。"这都鲜明地体现了"移孝作忠"的思想。

故而,汉代上至国家,下至官员,用人都以《孝经》为参照系。如《续汉书·百官志》说:"汉制:以《孝经》考试士人。"《后汉书·荀淑传》也载:"故汉制,使天下诵《孝经》,选吏举孝廉。"这是国家的用人政策。《汉书·赵尹韩张两王传》载,韩延寿为东郡太守,经常外出,临上车之时,有骑吏一人迟到,韩延寿就敕令功曹(郡守的主要佐吏)定其罪名,事后禀告于他。韩延寿外出回到郡府门前,守门卒拦住他的车驾,说有话要讲。韩延寿便停车问有何言,守门卒说:"《孝经》言:'取事父之道以事君',事父与事君所应有的敬是相同的。然而,事母所要有的是爱,事君所要有的是敬,只有事父敬和爱两者兼而有之。今天早上,大人您要驾车外出,但在府上停留了很久也没出门。当时有一骑吏的父亲来到郡府门前,不敢进来。骑吏听说后,就赶紧出去见他的父亲,但不巧的是刚好大人您此时上车出发,故看见骑吏迟到。骑吏以敬父而被罚,难道不是有亏教化吗?"韩延寿在车中抬起手来说:"如果没有你,太守自己都不知道已犯了错误。"韩延寿进府后,立即召见守门卒。守门卒本来是读书人,听闻韩延寿是贤者,但没有门路自荐,故先代人为门卒,韩延寿于是用此人为吏。守门卒只因一句《孝经》之言,便选任为吏,这一典型足见《孝经》在汉代用人政策上的重要地位。

为更深入贯彻《孝经》中"移孝作忠"的思想,汉代从中央到地方,都设"《孝经》师",以教导天下,有时还搞研讨。理论界主导观点一直认为,汉代自武帝"崇尚儒学"后,主要以《易》、《诗》、《礼》、《书》、《乐》、《春秋》等《六经》(《乐》有声无书，所谓《六经》实际只有《五经》）教化天下。然而，完全用《五经》来说明汉代的治国思想，是片面的。必须承认，汉代的治国经典，除《五经》外，还有《孝经》和《论语》。汉人讲的也不是《五经》治国，而是《七经》治国。关于《七经》，《后汉书·赵典传》引李贤注说："《三国志·蜀书·秦亦传》载，秦必《与商书》曰：'文翁遣相如东受《七经》。'谢承《后汉书》言赵典'学孔子《七经》'。"在两汉书中，记载学过《孝经》、《论语》的人很多。如《汉书·宣帝纪》载，孝武皇帝曾孙病已，"师受诗、论语、《孝经》"；《景十三王传》载，广川惠王孙去"师受《易》、《论语》、《孝经》"；《汉书·隽疏于薛平彭传》载，宣帝"皇太子年十二，通论语、《孝经》"。应当指出，在《七经》中，汉代统治者最重视的只有两经，一是《公羊》，另一是《孝经》。汉代"崇尚儒学"最流行的一句话是，假托孔子言："吾志在《春秋》，行在《孝经》。"在汉代，与《五经》比，《孝经》是必读经。通《五经》者必须通《孝经》，通《孝经》者原则上不要求通《五经》。《孝经》既是一门独立的经典，又是其他经典的基础。汉代要求《孝经》人人都要读，包括儿童和成人、男人和女人、文士和武夫，甚至包括外国留学生。如《汉书·匡张孔马传》载，匡衡曾上疏说："《论语》与《孝经》是圣人言行之根本，应当深究其意。"汉光武时期曾令"虎贲士（汉代的一个军种）皆习《孝经》"；《后汉书·儒林列传》载：章帝时，"自期门羽林之士悉通《孝经》章句，匈奴人也要遣子入学"。可见《孝经》在汉代的普及程度。

汉代举孝选官与《孝经》普及两相呼应，共同服务于封建王朝的巩固与发展。然而，我们也必须承认，《孝经》也有许多道德智慧至今仍有现实的生命力。我国现在强调实行依法治国与以德治国相结合，构建和谐社会，《孝经》中的闪光思想不无益处。

第四章 "非主流"——魏晋南北朝时期的以孝选官

一 以孝为标准的选官制度

魏晋南北朝时期承袭了汉代举孝廉制,九品中正制的实行将孝成为了一项国家政策,成为选官的一个标准,孝敬父母不仅成为了一种品德的表现,也成为治理国家人才的重要基准,可见魏晋南北朝时期对于孝的重视,政治生活中的孝文化在选官制度方面也有体现,如果孝行突出,可以优先做官。任职期间如果有不孝行为,则会受到严厉的处罚,并且使得一些重视孝理的政策为后世所延续。虽然魏晋南北朝处于相对乱世,当时孝始终贯穿在每一个政权当中,是中国传统孝文化发展的一个重要历史时期。

(一)因"孝"而得官

魏晋南北朝时期,由于大力提倡以孝治国,善待父母是上至贵族、下至百姓都必须遵守的行为准则,形成了一个广泛的共识。举孝廉和九品中正制的确立,使"孝"被提到一个无以复加的程度,史料当中屡见因为孝顺而获得官位的,也成为魏晋南北朝时期一个非常重要的历史特点。比如说史料记载东晋光禄大夫祖纳年少没了父亲,由母亲抚养长大,家里也非常贫穷,但是他非常孝顺他的母亲，经常为母做饭，当地的官员王乂听说后，就因其孝顺被举为中郎，是这一时期因孝获官的典型，也是普通百姓能走上仕途的主要途径。另外，还有一个叫许孜的人对去世的父母守丧，乃至骨瘦如柴，被推举为孝廉，其居为孝顺里，这也是因孝得官的典型事例。

与此同时，孝顺不但是针对亲生父母，对那些善待非血缘关系的长辈同样予以嘉奖。西晋平乐乡侯阎缵，当其父亲去世后，文献记载其继母不慈，然而他还是善待她，并且非常恭敬，之后其继母诬陷他盗取父亲的金宝，被清议十余年，导致无法做官。然而，阎缵丝毫没有怨怼继母，还是善加对待，之后其继母说出了真相，于是朝廷启用其为中正，恢复了品秩，做了太傅杨骏的舍人，之后被封为平乐乡侯。

（二）孝廉与中正选官

魏晋南北朝的选官制度首先继承了两汉时期的察举制选官，以孝廉作为选官的依据，在东晋元帝制时，就有"扬州岁贡二人，诸州各一人"为官的记载。南北朝时期，随着寒门的兴起，察举制在选官上更为突出。由于九品中正制是魏晋南北朝时期政府与世家大族相互妥协的产物，中正一职大都由大族所控制，所以他们的评价标准就左右着政府选拔官员的标准，而门阀士族为了维护自己的高门第，非常注重家庭出身，强调家族的重要性，使得有关家族伦理道德方面的规范逐渐形成体系，本来生事孝养，死归丧葬是为人子女者对父母尽孝的最基本的两条，当时沿用了两汉以来的选官制度，将孝廉放在相当高的地位。孝，指孝悌，主要是指在孝敬父母方面做出突出贡献之人；廉，清廉之士，从两汉时期开始把两者并重，一同作为选官的依据，在选官时，孝受到了充分的重视，以孝选官，通过对人事任免权的操纵,将国家所认可的意识形态得到有效的推广并制定政策奖罚,并将其渗透到社会生活的各个方面。

魏文帝时期,由陈群主导的开始实施的九品中正制,在中央设立中正官来评价人才的等级作为选拔官员的标准,选官制度开始发生了变化,尤其是越到后期随着士族的发展,九品中正制所起的作用越明显,所谓"九品"就是中正根据清议或乡里舆论,来鳌定、提升或贬降某人的乡品,所定品级共分九等,故曰"九品"。然而,在具体的实施过程中,世家大族十分注重儒家的家庭伦常方面,所以将"孝"作为家族间的基本道德,更是成为当时清议的核心内容。所以,"孝行"的优劣受到时人的特别关注,而"廉"的作用反而受到逐步削弱。早在司马懿执政时期,夏侯玄在论及中正选拔人才的标准时就说:"夫官才用人,国之柄也。故铨衡专于台阁,上之分也,孝行存乎闾巷,优劣任之乡人,下之叙也。""夫孝行著于家门,岂不忠恪于在官乎?仁恕称于九族,岂不达于为政乎?义断行于乡党,岂不堪于事任乎?三者之类,取于中正,虽不处其官名,斯任官可知矣。"他认为人才的选拔是国家的根本,而对人才的评价标准也非常重要。要以儒家纲常为标准,推举"孝行著于家门"者。在他看来,人才的标准有三,即"孝行、仁恕、义断",而"孝行"更是居于三者之首,可见他对"孝德"的重视。

(三)因"不孝"失官

魏晋南北朝时期,经常会出现因为孝顺而得官,同时也存在着因为不孝而丧失做官的资格。因为国家的政策就以孝治天下,孝是舆论支持的载体,还是清议的主要内容,所以当时的人们十分重视孝顺,孝行若有缺陷,不管职位高低,其他品德才能如何,会丢官去职,不许再入仕途。据《隋书·刑法志》载:"士人有禁锢之科,亦有轻重为差。其犯清议,则终身不齿。"又称陈制"重清议禁锢之科,若缙绅之族犯亏名教,不孝及内乱者,发诏弃之,终身不齿"。

其实,这也和当时的社会背景也存在着一定联系。因为战争频仍,人们经常与父母失去联系,流离失所,所以更加强调孝的重要性。在对待官员上,督责孝道之严格,也可以看出南北朝统治者对孝道的极端重视与提倡,监督官员的举止是否符合礼制的规定,在孝文化方面主要表现为:生,以礼事之,父母健在应尽心赡养父母,尽为子女者之孝道;而父母一旦去世要依礼制为父母守丧,守丧期间要严格遵守礼法,不能嫁娶,不能生育,也不能有其他娱乐活动。因督导严格,因为为父母守丧不合礼法而遭清议而被罢官的不在少数。《世说新语·任诞》引《竹林七贤论》曾经记载阮咸兄长的儿子阮简,因为在父亲大丧期间,在路上遇到大雪寒冻,简单进食了黍臛,遭到清议,被废除不录用达三十年左右。同时,在平时,关于对待父母也有严格的监督,否则也会影响仕途。《晋书·陈寿传》:"(陈寿)遭父丧,有疾,使婢丸药,客往见之,乡党以为贬议。及蜀平,坐是沈滞者累年。"后"以母忧去职。母遗言令葬洛阳,寿遵其志。又坐不以母归葬,竟被贬议"。陈寿父丧期间没有依礼服丧,后丧母期间不归葬,这样的行为在当时肯定会被弹劾而不会录用。南朝梁代时期,廷尉卿刘孝绰"携少妹于华省,弃老母于下宅",就被御史中丞以"不孝"的罪名将其弹劾,因此被免官。以上两则案例讲述的是父母健在而未能孝敬父母而遭清议弹劾,丢官去职。

当时,在丧葬上没有遵守礼仪同样也会遭到弹劾。"东阁祭酒颜含值叔父丧嫁女"、"庐江太守梁龛明日当除妇服,今日请客奏伎,丞相长史周顗等三十余人同会","世子文学王籍之居叔母丧而婚",这几个例子都是因为在丧期间有婚嫁活动而违背孝道,而遭御史中丞刘隗弹劾。另外,还有在丁忧时期违背礼法而遭清议或丢掉官职的记载，如兖州刺史滕恬的儿子在服丧期间，没能按照礼制辞官回家为父丁忧，被认为是不孝的表现，不但得不到舆论的支持，最后也被清议失官。

二 孝悌观念的深入人心

（一）孝道思想人物与选官

魏晋南北朝时期具有孝道思想的人物层出不穷，并且其做官升迁与孝有着十分密切的联系。王祥（185~269），字休征，东汉末年隐居20年，后仕魏晋两朝，他的孝行反映了曹魏初期孝道思想对汉代孝道思想的继承。《晋书·王祥传》中记载："祥性至孝。早丧亲，继母朱氏不慈，数谮之，由是失爱于父。每使扫除牛下，祥愈恭谨。父母有疾，衣不解带，汤药必亲尝。母常欲生鱼，时天寒冰冻，祥解衣将剖冰求之，冰忽自解，双鲤跃出，持之而归。母又思黄雀炙，复有黄雀数十飞入其幕，复以供母。乡里惊叹，以为孝感所致焉。有丹柰结实，母命守之，每风雨，祥辄抱树而泣。其笃孝纯至如此。母终，居丧毁瘁，杖而后起。"

这些事迹向我们揭示着汉末魏初士人心目中的孝道，其中透露出的孝亲思想完全符合汉代的孝道标准，这表现在：第一，受到董仲舒"父为子纲"思想影响的愚孝行为。一心事亲，不论父母之命有无合理性都绝对遵从，不论父母是否慈善都绝对顺从，不顾个人安危，尽心供养父母，绝无半点为个人计。第二，神秘的孝感事件。子孙个人的孝行是通向上天的，会受到上天的褒奖和报应。

魏初不仅有王祥这样死守父母之命，感天动地的孝子，同样也有孝思发于自然的例子，而这样的孝子与遵守孝之礼的人一样受到推崇！《三国志·魏志·阎温传》注记载："鲍出字文才，京兆新丰人也。少游侠。兴平中，三辅乱，出与老母兄弟五人家居本县，以饥饿，留其母守舍，相将行采蓬实……初等到家，而啖人贼数十人已略其母，以绳贯其手掌，驱去……出怒曰：'有母而使贼贯其手，将去煮啖之，用活何为？'乃攘臂结衽独追之……出得母还，遂相扶侍，客南阳。建安五年，关中始开，出来北归，而其母不能步行……乃以笼盛其母，独自负之，到乡里……至青龙中，母年百馀岁乃终，出时年七十馀，行丧如礼，於今年八九十，才若五六十者。"鲍出作为游侠之士不染礼教，其孝行大都源于其自然天成的孝心，如怒斥其兄弟眼睁睁地看着母亲被捆绑而去，又如独自以笼背负母亲还乡，可见其孝心的纯正，鱼豢曾称赞鲍出，虽然不懂得礼教，但是由于天生的孝心，看见母亲受难，发自内心的心痛而孝顺母亲，虽然其社会地位比较低微，但是因为孝顺至诚，这样的行为与士族君子没有任何区别。这不仅是褒奖鲍出的孝心发自天然，以孝亲为己任，更将他与尊礼重法的士君子相提并论，肯定了孝之情的珍贵，丝毫不比孝之礼逊色。

曹魏初期对于孝之情的肯定不仅仅局限于士人之中，也广泛存在于民间的乡里评论中。王修，生卒年不详，字叔治，北海营陵（今山东昌东县）人，曹魏时任司空掾，史书记载他七岁时候丧母，而且是在社日死亡。第二年，邻里在社日进行祭祀活动，但是王修思念去世的母亲，十分哀痛，邻里听说之后，竟然为他放弃了社日祭祀。要知道，在魏晋时期社日是古代农民祭祀土地神的节日，百姓不但通过作社日活动表达减少自然灾害、获得丰收的良好愿望，同时也借以开展娱乐，是十分重大的节日。可是乡里邻居因为感动王修以幼小的年龄感念母亲的生养之德，而停止了社日活动。可见，对孝亲之情的极度重视。

司马芝，生卒年不详，字子华，河内温县（今河南温县）人，年少时在荆州避乱，于鲁阳山遇到山贼，同行者皆弃老弱走,只有他独坐守着老母,当贼到的时候,他竟然临危不惧,冒死守候母亲,并且感动了盗贼,他们感念司马芝的孝思,认为杀了孝顺的人是不义的行为,于是放弃了杀戮,使得司马芝可以保全母亲和自己的性命,并以鹿车推载其母亲,使得司马芝最终为母亲养老送终,可见当时孝之情已受到乡里民间的肯定。

事实上,孝悌观念一直是儒家思想的重要内容,也是礼教之中最具亲和力的核心部分。从某种意义上说,魏晋之际的孝悌之风既是儒家思想在现实生活中的反映,也是汉代孝悌之风的一种延续。众所周知,司马氏建立晋朝同曹魏建立政权一样,都是借禅让之名而行篡逆之实,于是他们为了巩固自己的政权,同时获得思想上的合法性,提出了以孝治天下来代替以忠治天下,但是这样的政策就改变了曹操时期唯才是举的方针,可以说间接形成了魏晋时期世家大族把持着清议、把持重要官禄爵位的重要因素之一。

那么举官所要求的孝悌之风有哪些具体表现呢?根据《世说新语》的记载表现为以下五种:

(1) 至纯之孝。前文举例的祖纳就是最为典型的例子,另外,当时的人们推崇吴郡陈遗的纯孝之报,以及阮籍丧母之后,悲痛吐血都被视为至纯之孝的表现。

(2) 色养之孝。"色养"就是指和颜悦色地奉养父母,或谓能承顺父母脸色而孝养。俗话说:"久病床前无孝子"。可见,色养之孝也是不容易的。比如王导的长子王悦(字长豫)事亲尽色养之孝,丞相(其父王导)见长豫辄喜,每次和父亲说话,都非常缜密。当长豫亡后父母悲痛,足以说明当时提倡色养之孝,并且形成一种风气。

(3) 生孝、死孝与灭性之孝。这种孝顺主要是指遭逢父母之丧,哭泣致哀,这也是显示孝子的重要外部表征。比如王戎与和峤同时遭大丧,俱以孝称。王戎鸡骨支床,和峤哭泣备礼。武帝谓刘仲雄曰:"卿数省王、和不？闻和哀苦过礼，使人忧之。"仲雄曰:"和峤虽备礼，神气不损；王戎虽不备礼，而哀毁骨立。臣以和峤生孝，王戎死孝。陛下不应忧峤，而应忧戎。"可见生孝是哀不伤生之孝，而死孝指居亲丧而哀毁不顾身家性命之孝，而这二人之后由于这样的行为在官途上王戎反而得到晋武帝更多的垂青，这就是孝与选官的重要联系。

(4) 维护家讳之孝。魏晋南北朝时期是士族统治时期，门阀森严，士庶之间的等阶差异非常明显，九品中正制的选才擢官制度使士族在政治上享有世袭特权，造成了"上品无寒门，下品无世族"的严重后果。除去重要的血统高贵之外，孝其实也是重要的选官标准。如陆机对卢志直呼其父祖姓名侮辱，也以同法炮制，还以颜色。可见，维护家讳究其实乃是门第观念恶性膨胀的结果，然而这也算是一种孝的表现，否则将会被上层士族耻笑。

(5) 心丧与试守孝子。比如郗鉴碰到了永嘉之乱，在乡里非常贫穷，经常挨饿，但是乡人以公名德，经常轮流供给他，他常携兄子迈及外甥周翼二小儿往食。乡人曰:"各自饥困，以君之贤，欲共济君耳，恐不能兼有所存。"郗鉴独往食，辄含饭著两颊边，然后哺育两个孩子。之后，郗公亡，翼为剡县令，解职归乡，席苦于公灵床头，丧终三年。

(二) 阳翟褚氏的忠孝实践与当时社会趋势

阳翟褚氏西汉前期褚氏地望在兰陵（治今山东苍山县西南兰陵镇），西汉元、成年间，褚氏家族从兰陵南迁至沛郡（治今安徽濉溪县西北），后来褚氏家族又有过两次迁移：第一次是在西汉后期，褚少孙之裔孙褚重东晋一朝，政局家国一体时，褚氏很好地协调了忠孝之间的关系，完美地实现了家族与政治间的结合，家族势力飞速发展。但在东晋与刘宋鼎革之季，面临忠孝冲突时，褚氏为家族利益计，弃忠而择孝，以图实现新的一轮君臣结合。

阳翟褚氏自褚裒以后，历其子歆、熙，其孙爽，至曾孙褚叔度（叔度为裕之字，以字行是为了避刘裕讳）、秀之、淡之兄弟，与刘裕进行了一轮新的君臣结合，褚氏家族在刘宋王朝重新取得地位。褚叔度兄弟在刘裕打江山的过程中立下汗马功劳，跟随刘裕讨伐卢循，并坚决消灭卢循余党；征刘毅时"褚叔度遣三千人过峤，荆州平乃还"，帮助其控制东晋的政权。褚氏通过帮助刘裕打天下，从而获得了诸多政治赏赐，维护了家族的根本利益。

继褚叔度兄弟之后，阳翟褚氏的另一代表人物是褚渊。当宋明帝即位时，褚渊已官至吏部尚书，曾为刘宋江山作出过很大贡献。如平定薛安都叛乱时，褚渊就军备状况和军力部署作出了很好的建议，在平定桂阳王休范叛乱时，他又起到镇定人心的作用。之后，褚渊在接受遗诏成为顾命大臣之后，也曾与袁粲尽心辅佐幼主。后来，褚渊又利用顾命大臣的身份引萧道成进入权力中枢，为其铺平了道路；在废后废帝昱立顺帝准时，褚渊有废刘昱之心，以为萧道成为将来之主，在废刘昱之后，褚渊把收拾残局的重任托付萧道成，并同意萧加黄钺，为其篡权创造条件。褚渊在萧齐建立后，受到重任。

褚渊身仕二姓受到部分人的指责，其中最持非议的是其子贲，史称："父背袁粲等附高帝，贲深执不同，终身愧恨之，有栖退之志。"时人对比评价褚渊与袁粲，作谣言曰："可怜石头城，宁为袁粲死，不为彦回生。"对其名节不以为然。即使对褚渊深所依靠的萧道成也多微词，"卿等并宋时公卿，亦当不言我应得天子"，以为褚渊有政治投机之嫌，并对褚渊援引何曾故事以求官职的请求不与理睬。

可见，虽然从孝的角度来说，褚渊重新建立了家族，却还是受到了非议。只能存"保家之念"，即政治变更频繁是褚氏政治立场出尔反尔的前提,且当时门阀政治局面也迫使褚氏为家族利益计,忠孝观念只能与时俱进。阳翟褚氏既然没有固守封建道德中的"忠"的责任,那么,其家族必须寻找另一个封建道德"孝",作为家族安身立命的根本。

　　史书中多有关于褚氏"孝"的记载。如康献褚皇后,贵为皇后,并在穆帝、孝武两朝临朝称制,执掌大权,在归省时,与其父褚裒奉行的依然是父女家人之礼。史载:"太常殷融议依郑玄义,卫将军(褚)裒在宫廷则尽臣敬,太后归宁之日自如家人之礼。"殷融认为褚氏父女在家可行家人之礼,在朝则应行君臣之礼。即使如此,褚皇后仍以为不妥,乃下诏曰:"典礼诚所未详,如所奏,是情所不能也安也,更详之。"实际上就是要求在家在朝均行家人之礼。后来由于征西大将军庾翼、南中郎谢尚等人坚持原则,认为:"父尊尽于一家,君敬重于天下,郑玄义合情礼之中。"说明君臣礼节不能乱,才使"太后从之"。从此以后,"朝臣皆敬裒焉。"褚氏父女把以何礼仪相处提上朝廷议程,多少反映了褚氏以"孝"为先的处世原则。即使褚渊,在当时及后代深受非议,但同时他也是深受赞赏的孝子。史载褚渊侍母至孝,曾以"母年高赢疾,晨昏须养"为由辞官,后"遭庶母郭氏丧,有至性,数日中,毁顿不可复识,期年不盥栉,惟泣泪处乃见其本质焉,……渊后嫡母吴郡公主薨,毁瘠如初。"亦云:"孝敬淳深,率由斯至,尽欢朝夕,人无间言,……以父忧去职,丧过于哀,几将毁灭。"可见褚渊在家族中是至情至孝的。

　　褚渊长子褚贲虽然对于褚渊身仕二姓颇有微词,然而在父子之道上却至孝:"彦回薨,服阕,见武帝,贲流涕不自胜。"褚贲信守传统"孝"的含义,以为祖宗之地不可弃,旧陇不可离,认为与祖宗栖息于一地是"孝"。史载:"(褚贲)疾笃,其子霁载以归。疾小间,知非故处,大怒,不肯复饮食,内外阁悉钉塞之,不与人相闻,数日裁余气息。谢瀹闻其弊,往候之,排阁不可开,以杵槌破,进见责曰:'事之不可得者,身也;身之不可全者,名也;名与身俱灭者,君也,岂不全之哉!'贲曰:'吾少无人间心,岂身名之可慕?但愿启手归全,必在旧陇。儿辈不才,未达余趣,移尸徙殡,失吾素心,更以此为恨耳。'"

褚氏家族不仅仅只存在亲子之间"孝",在整个家族中还扩展为兄弟之间"悌",亲族之间"义"。如褚湛之(褚渊之父)卒,褚渊"推财与弟,唯取书数千卷"。褚炫"居身清立,非吊问不杂交游,论者以为美。及在选部,门庭萧索,宾客罕至。……罢江夏郡还,得钱十七万,于石头并分与亲族"。在经济上亲族间互相帮助,以己所有补彼不足。

综上所述,以上举例的孝悌之人,之后都在仕途上获得了巨大的政治资源,虽然不能完全说是因为孝而获得,但是如果没有孝,那这些人至少不会如此顺利地走上仕途,一帆风顺。

(三) 以孝选官的虚伪性

魏晋南北朝以孝治天下还是存在着一定的虚伪性,这主要是因为这一历史时期的政权更迭都是通过篡权获得的,比如魏代汉、晋代魏、宋代晋、齐代宋、梁代齐、陈代梁都是典型的例子。要是以"忠"的标准衡量他们一个个都是乱臣贼子,面对前朝旧臣遗老,要谈忠君实在是无法启齿,正是基于这个出发点,统治者只好以孝治国,以孝治天下是维护统治的借口,统治者在大力鼓吹"孝道"的同时,也将孝作为打击对手,成为排除异己的工具。

按照当时的孝道标准来衡量的话,曹操本身就不是一个恪守孝道的人,其装中风从而欺骗叔父、父亲的举动,成年之后杀死世交吕伯奢一家,都可以说明其手段的狠辣。然而,在其夺取汉王朝政权的过程中,还是提出了以孝治国的理念。比如建安七子之一的孔融，就因为提出"父母与子女无恩论"，就被曹操宣布为大逆不道，被下狱弃市。之后的司马氏故伎重施，司马师以不孝罪为由废了齐王曹芳。当时的社会名流嵇康，因为他的朋友吕安被诬为"不孝"而受株连，被司马昭所杀，事实并非他们不孝，只是他们的存在影响到了统治阶级的利益，成为统治阶级的眼中钉肉中刺。所以说孝已经不再是出于血脉关系的孝，而是统治阶级排除异己、打击对手的重要政治手段。

另外魏晋南北朝孝文化的另一虚伪性表现在，"孝"成为魏晋南北朝时期部分伪孝之徒沽名钓誉的工具。由于魏晋南北朝时期统治者对孝的大力提倡，孝一跃上升为伦理道德的首位，再加上察举制的推行，孝廉成为最重要的选官依据，特别是"清议"对孝所起的推动提倡作用，"孝"在这一时期达到了无以复加的地步，孝行可以作为评价一个人的标准，以孝可以为官、可以屈律。这就为一些希冀获得高官厚禄的人打开了一条入仕的捷径，因而在政府政策的大力宣扬和社会舆论的推动下，孝行成为一种社会风气，深入到社会各个阶层，这一时期因孝得官的也不在少数，他们在获得官职后也大都能践行孝道，在自己践行孝道的同时也能以身作则，教化百姓，淳化风俗。同时也应看到"孝治"只是魏晋南北朝时期士族地主的一种统治手段，许多士族地主表面上虽有"仁德"、"纯孝"之美名，但表象下是素质低下、内心腐败的真实面目，他们只是把孝作为自己的遮羞布。《宋书·孝义传》通过对比汉代孝行，对这一时期的孝作了较为客观的评价："汉世士务治身，故忠孝成俗，至乎乘轩服冕，非此莫由。晋、宋以来，风衰义缺，刻身厉行，事薄膏腴。若夫孝立闺庭，忠被史策，多发沟畎之中，非出衣簪之下。以此而言声教，不亦卿大夫之耻乎！"在这里就对卿大夫道德沦丧、沽名钓誉作了批判。

西晋初年的大臣如王祥、何曾、荀顗都是以孝闻，王祥"卧冰求鲤"，以孝闻名天下，何曾也是著名孝子，曾批评阮籍居丧无礼，行为放荡，而荀𫖮"年逾耳顺，孝养蒸蒸，以母忧去职，毁几灭性，海内称之"。他们和王戎、和峤等都是当时有名的孝子，但以他们的权高位重，查遍史书除了以孝立身外也很难找到他们气节高尚，利国利民的记载。相反，除孝行外他们丑陋的一面却可屡见史册。王祥除以孝出名外，成绩平平，而何曾和荀𫖮则是奸佞之臣，史载："（何曾）性奢豪，务在华侈。帷帐车服，穷极绮丽，厨膳滋味，过于王者。每燕（宴）见，不食太官所设，帝辄命取其食。蒸饼上不坼作十字不食。食日万钱，犹曰'无下箸处'。人以小纸为书者，敕记室勿报。刘毅等数劾奏曾侈忕无度，帝以其重臣，一无所问。"可见，何曾在史书记载中除了其奢侈浮华结党营私外，并没有看见其他济国济民的政绩，同样荀𫖮也是以孝出身，但为官后荀𫖮却只给我们留下了阿谀专横的印象，史载："𫖮明《三礼》，知朝廷大仪，而无质直之操，唯阿意苟合于荀勖、贾充之间。初，皇太子将纳妃，𫖮上言贾充女姿德淑茂，可以参选，以此获讥于世。"就这么一个阿谀奉承的人物，只因为孝而得势，位至司空，多次负责制定晋代的礼乐制度，就这样两个人竟然还得到了别人的称颂。可见，何曾、荀𫖮只是孝行突出，以孝获名后又把孝道作为自己获取功名利禄的工具。出现这种情况的深层原因在于朝廷只重视孝行，而忽视了其他品德的考察，他们的出现只不过是过分强调孝行所产生的副产品。

值得注意的是，这一时期统治者大都大力提倡孝行，把孝作为一切伦理道德的基础，在一定程度上起到了淳化社会风气的作用，但在实际上宗族内部的人际关系仍很淡薄。《宋书·周朗传》载周朗上书言曰："今夫士大夫以下，父母在而兄弟异计，十家而七矣。庶人父子殊产，亦八家而五矣。凡甚者，乃危亡不相知，饥寒不相恤，又嫉谤谗害，其间不可胜数。宜明其禁，以革其风。"

孝行的大力提倡不仅没有缓和统治阶级内部的矛盾，与之相反，宗室成员之间相互倾轧司空见惯，而各个朝代的灭亡也无不和内部的倾轧密切相关。清代李渔谈戏曲创作方法时曾说："欲劝人为孝，则举一孝子出名，但有一行可纪，则不必尽有其事，凡属孝亲所应有者，悉取而加之。"由此可见，魏晋南北朝孝的虚伪性更像是利用了戏曲创作中的手法，以孝闻达却忽视了其他品德的缺失。

在六朝政权频繁更替时，单纯信守对某个王朝的忠，并不能保证政治上常胜不败，所以其时无论是普通百姓还是世家大族，均频频变更政治上的合作对象，当时社会对这种现象持宽容态度。政权频繁变更时，个人要保证获得政治权力，往往要依靠家族的力量，在家族之内寻找庇护所，而且，个人的所作所为也往往代表着整个家族的意愿，这样，"孝"就成为凝聚家族成员的纽带。所以贯穿整个六朝，在面临忠孝冲突时，往往舍忠取孝，这是当时社会形势所迫。政权变更时，政治上尽可能早地实现新的君臣结合，可以保证家族在社会中立于不败之地，而在内部，依靠"孝"、"悌"、"义"，可以凝聚家族成员，齐心协力维护家族整体利益，这一原则使得褚氏家族在魏晋南朝能飞速发展，并绵延下去，在隋唐时家族达到鼎盛，出现以宰相褚遂良为代表的磅礴气势，占据政治生活中至关重要的地位。

三　结语

魏晋南北朝时期，社会上盛行重孝之风，并且将其作为选官制度的重要标准，大量的文献记载足以说明这一历史状况，并且具有一定的普遍性和社会性。这样的风气形成的原因，可谓是多方面的，既有社会的因素，还包含着政治、思想、经济、门庭等各方面的影响。

《晋书·孝友传》概括孝的意义为："大矣哉，孝之为德也！

分浑元而立体，道贯三灵；资品汇以顺名，功苞万象。用之于国，动天地而降休征；行之于家，感鬼神而昭景福。若乃博施备物，尊仁安义，柔色承颜，怡怡尽乐，击鲜就养，疐癖忘劬，集包思艺黍之勤，循陔有采兰之咏，事亲之道也。属属如在，哀哀罔极，聚薪流恸，衔索兴嗟，晒风树以隤心，颒寒泉而沬泣，追远之情也。"由此我们可以看出魏晋南北朝时期，孝在人们心中的崇高地位以及当时人们对孝的重视程度，同时还将其升格为国家政策中最重要的选官标准之一，可见对其重视的程度，同时被视作保持家庭内部雍熙和睦的重要途径，这也说明了在一定程度上孝不但是选官，而且还是治理民众、治理天下的重要标准之一。

魏晋南北朝时期所出现的以孝选官的制度，从一定程度上来说亦取决于当时的社会制度，因为当时士族制度的全面确立是促进以孝治国、以孝选官的重要社会条件。九品中正制选官初期还能进行一定的名品品鉴，当时到了其中后期弊端显现，就成为了世家大族任人唯亲，维护其士族地位的重要工具，而孝与不孝却按照传统的礼制来进行，这就在一定程度上有了操作的空间。从社会历史发展方向看，世家大族是以孝选官的主要受益者，门第坐取公卿，世代高踞社会上层，享有种种特权。正因为如此，世家大族特别注意以礼教为基本内容的名教理论来保其门第家世，以门第之不变，应时局之万变。当政权更迭之时，士族阶层就会以孝的名义从而站在家族利益立场上，参与或是帮助掌权者来篡夺前朝的政权，然后在新君面前以一种有功之臣的面目出现，从而继续维持其社会地位，而新的政权势必在政治上进行政治报仇，通过优待士族的政策使自己的统治获得必要的支持，以便巩固其政权，维护其统治。所以，提倡重孝在一定程度上是魏晋南北朝时期政治制度的产物，其文化性的表现更多体现在一种虚伪的程度上，其政治涵义的内容更为丰富。

第五章 "孝义道德"隐藏下的现实政治利益——隋唐时期的以孝选官

公元581年,掌握北周实权的外戚杨坚,篡夺了北周政权,建立了隋朝,史称隋文帝。隋朝的建立结束了魏晋南北朝长达三百余年的分裂局面。文帝在位期间,选用了一批足智多谋的贤士,辅佐其处理政事,治理朝政,隋朝在其统治下出现了社会稳定、政治清明、经济繁荣的局面。杨坚登帝位后,任命高颎为尚书左仆射,晋封渤海郡公。高颎以自己资历浅薄恐臣僚不服为由,谢绝了文帝的提拔,并推荐北方名士苏威代替自己来辅佐朝政。文帝对此大加表彰,认为高颎不仅自己是贤士,还能推荐贤才来为国家效力,理应受到尊重。高颎在文帝统一南北后,不仅自己尽心尽力地辅佐朝政,还不断地向文帝举荐贤良之士,使他们能够施展才能,成为一代名臣。

隋文帝正是靠着这些贤能之士使得隋王朝得以发展繁荣起来,由此可见贤才的重要性。尽管在文帝选拔官员的记录中,没有明确记载文帝采用的是否是以孝选官。但不可否认的是,文帝注重选拔贤才,注重官员的个人修养和道德品行。作为传统道德中地位非常重要的孝道,势必会在选官中成为其中一个重要的考量因素。

隋炀帝时,为了补充各类官员,充实官僚队伍,在文帝的基础上,进一步扩大了分科的范围。我们后来所说的"科举"这一名称,实际上就是从分科举人这个概念产生的。隋炀帝时还设置了进士科,"进士"与"孝廉"、"秀才"的选拔方法有相同之处,都是由州、郡地方长官推荐,但是"进士"还需要朝廷统一考试,以考试的成绩作为录取的标准。隋炀帝开创的科举选官制度,对后世影响深远。作为一项新的政治制度,它对于加强中央集权,充实国家官僚团队有着重要的作用,为后世各朝所沿用。

唐朝是我国封建社会发展的高峰期,各项制度基本上沿袭了前朝,但是又有所创新,可以说是政治制度较为完善的时期。唐朝时期,注重对贤才的选拔和任用。选拔官员的标准中很重要的一条是德才兼备。如一代贤君唐太宗,在位期间励精图治,使唐帝国成为当时世界上最强大、最繁盛、最开明的国家。那么唐太宗为何能够取得如此显著的政绩?其中重要的原因之一,当属太宗注重选拔、任用贤能之士。只要德才兼备,哪怕是自己的仇敌,他也提拔重用。最典型的例子莫过于著名的谏臣魏徵,魏徵本是太子李建成麾下的谋士,建成失败后,李世民不记私仇,重用魏徵。他曾对魏徵说过:"为官择人,不可造次。用一君子,则君子皆至;用一小人,则小人竞进矣。"可见,李世民在选拔官员的时候非常注重官员的才能和品行,认为只有才德兼备之人,才是真正的贤才,才可重用。太宗在总结自己成就功业的经验时,认为核心便是敬重贤才,不因自己的地位而嫉贤妒能,不随便贬黜任何一位官员。正是由于得到了诸多贤人的倾力辅佐,如房玄龄、杜如晦、魏徵等,才能成就功业。

唐朝不仅注重贤才的选拔与任用,在孝道文化上也极尽所能,时代特色非常鲜明。统治者继承了自汉代以来以孝治天下的传统,以身示范,大力表彰并奖励孝行。

唐太宗、武则天、唐玄宗等经常用一些言论来证明自己是崇尚孝道的明君。为了能够在全社会推行孝道,帝王们亲自注释《孝经》,以彰显国家对孝道的重视。在唐代历史上,孝子可谓颇多。唐德宗是历史上有名的孝子。德宗生母沈氏在"安史之乱"中失踪,德宗本人为了能够尽孝,终其有生之年遍访天下,但是却一直没有找到,可谓一大憾事。

不仅如此,唐代在立嗣的时候往往也把孝道作为其中的重要标准之一。唐代帝王认为,皇帝虽身居高位,但是仍然要孝敬父母,友悌兄弟,践行孝道。帝王要以身示范,在践行孝道方面要给天下人做出榜样。《册府元龟》卷二十七《帝王部·孝德》中有这样一段记载:"太宗患病,太子李治亲自用口为太宗吸出脓液,太宗出行的时候,太子必会随行左右侍奉。到达京师后,太宗发病,太子虽然有繁忙的政事在身,但是依然坚持每日去给太宗问安,侍奉太宗饮食。"这段记载生动描写了太子李治的孝行。从这个记载中不难看出,一方面唐代非常注重孝道,上至天子,下到平民百姓,都应该自觉地践行孝道;另一方面,皇帝立嗣的时候注重孝行的考察,那么在选拔官员的时候势必会把孝道作为重要的考核标准。

不仅如此,唐代帝王还非常注重《孝经》。《孝经》全面、系统地阐述了儒家"孝"的道德规范,是儒家论孝的经典之作。唐代统治者大都听过有关《孝经》的讲解,唐玄宗甚至亲自注释《孝经》。"孝"被认为是百行之首,修身、齐家、治国、平天下都要首先从"孝"抓起,也必须注重《孝经》的学习和推广。从魏晋南北朝开始,历代都有帝王为《孝经》作注,但是若论影响力的话,玄宗所作之注可谓当之无愧的名列前茅。玄宗之所以如此重视《孝经》,主要出于这么几点考虑:一是教化民众,以孝劝忠。忠与孝的关系在封建社会非常密切,历代帝王都希望将臣民对家庭的孝推及于国家,为国家尽忠。唐玄宗希望通过《孝经》的普及推广,使天下百姓成为真正的顺民,也就是说利用孝的力量来实现统治的稳定和长久。二是希望通过自己的行为能为天下人做表率,起到榜样的力量。那么一国之君如果能大力倡导孝道的话,其影响力是极为广泛的。君主如果能够做到孝敬父母，恪守孝道，那么臣民自然会"顺上而法下，则德教成，政令行也"。政令通达天下，臣民恪守孝道，皇帝自然地不用担心天下不治的问题了。

此外，玄宗注解《孝经》还出于对前代制度的沿袭。唐朝建立后，借鉴了历代王朝的统治经验，其中特别注重汉代的统治制度和规范。而汉代是注重儒家思想弘扬孝道的朝代，因此唐朝时也特别注重对儒家经典著作的充分解读和利用，以发挥其最大的功能。

《孝经》作为儒家经典之一，其思想主旨对于维护宗法社会的等级秩序，维护社会稳定具有无可代替的重要作用。唐朝重孝，恰恰体现了整个中国古代社会对孝文化的推崇。在一个家庭或者家族内，若能以孝治家，则会家庭和睦。家庭是社会的基本单位，家庭和睦了，社会风气自然好，那么国家也就安定了，则实际上是统治者推广孝道的最终目的。

唐代除了注重《孝经》的学习与推广外，还非常重视对孝行进行实实在在的褒扬和奖励。实际上，这些被旌表的孝子们具有非常广泛的示范效应，对上至官员下至百姓都具有非常强的影响力。人们自觉地学习、效仿孝子们的行为，正是对一批批孝子贤孙的不断旌表，才使得唐代社会形成了浓厚的孝文化的氛围。除了对孝子进行旌表、物质奖励外，唐朝还有一些奖励孝行的措施，比如说为孝子授官赐封、颁赐谥号、建祠堂，等等。在唐代，官员能够得到带"孝"字的谥号比较难，只授予那些孝行非常显著的人。如官员杜邇，是唐代非常著名的贤孝之人，起初朝廷赐予他的谥号为"贞肃"，但是朝廷内其他官员认为"贞素"二字不足以表现杜邇的忠孝之美，主张将其谥号改为"孝友"，这件事得到了朝廷的许可，最终由皇帝亲自定谥号为"贞孝"。由杜邇的例子足以看出唐代对孝子褒奖之重。

有时候，帝王为了笼络人心，甚至会亲临孝义之门慰问孝子，这对孝子来说是莫大的荣耀。据史书记载，郓州寿张人张公艺，自幼有良好的德行，礼让齐家，九代人同时居住在一起，父慈子孝，兄友弟和，夫正妇顺，和睦相处，甚为融洽。北齐时，东安王去拜访他，表彰了他的孝行。唐麟德二年，高宗与武则天率文武大臣、宫妃命妇去泰山封禅。驾车通过寿张时，听闻张公艺九世同居，各朝对其都有旌表，因此也慕名来访。高宗询问张公艺为何能做到九世同居？公艺答道："我自幼接受家训，待人要慈爱宽仁，我没有什么特殊的本领，唯有以诚意待人，做事情要有一个'忍'字。"高宗听后连连称善，表彰他的孝行。

实际上，不管是旌表孝行、赏赐官职、建祠堂等，只是形式的不同，但都体现出了统治者希望以孝治家、移忠于孝的目的。在家中尽孝与父母，为人臣必能尽忠于天子，这才是统治者的根本目的。

古语有云"求忠臣必于孝子之门"，意思是说，要想选拔忠臣，应该到孝子家中去求访。先贤们普遍认为以孝事君则忠，父亲的孝子必然是君主的忠臣，访求忠臣，只有到孝悌之家才能找到。这个理论是否合理暂且不说，但是纵观漫漫历史长河中，但凡孝子做官，绝大部分都会是好官，是忠臣，所以历代皇帝以孝选官也就不足为奇了。

以孝选官始于汉朝，其后历朝历代承袭相沿，成为古代"孝治天下"付诸实践的重要表现。隋唐时期，尽管科举制是最重要的选官制度，但是以孝选官仍然十分盛行，并成为科举制的重要补充。唐太宗云："我平定四海，天下一家。凡在朝士，皆功效显著，或忠孝可称，或学艺通博，所以擢用。"不管是忠孝之子，还是学艺通博之人，国家都会选拔任用。由此可见，以孝选官非常看重为官者的孝行，孝行卓著者可以选拔做官，甚至可以擢升。这是儒家伦理思想在政治制度中的有效应用，儒家思想发展到这一时期，已经完全成为统治者治理国家的工具。

隋唐时期，以孝选官的形式非常多样，有冠以"孝悌"名称的考试科目，如孝悌廉让科、孝悌力田科等。作为科举制的重要补充，这些考试科目选拔了大批孝子，充实了国家的官僚队伍，对巩固封建王朝的统治起到了很重要的作用。以孝之名而被选拔做官的人在唐朝比比皆是，像贾言忠、韦承庆、韦嗣立兄弟，等等，都因为孝行卓越而步步高升、官运亨通。但是不可否认的是，在选拔孝子时，除了个人的孝悌品行之外，有时候还需要看此人有没有才能，通过考试的孝子可以委任做官，而考核不合格的也会失去做官的资格。由此看来，封建国家在选拔人才的时候注重的是德才兼备，毕竟德才兼备者才能更好地为国家效力。

当然，具备孝行的人可以官运通达，甚至一步登天，反观不孝之人，或者以"莫须有"的罪名被定义为不孝之人的官员们，有时候也会惨遭贬黜，甚至罢官。唐代著名诗人白居易正是一个典型的例子。

从隋唐时期的种种措施来看，国家提倡、推崇孝道，以孝选官在这一时期得以继续发展，并有了一些新的突破。不可否认的是，以孝选官对维护封建统治秩序的稳定功不可没。历代的皇帝们不管昏庸也好、清明也罢，无不希望自己的统治能够长久，所以采取的措施归根结底都是一样的，保住自己的位子，为后代子孙保住他们的位子。

一 冠以"孝悌"名称的考试科目——孝悌廉让科和孝悌力田科

自汉代以来，古代社会以孝选官成为封建社会选拔人才的重要途径。如举孝廉，"故举孝以为民极，察廉以为民表"，通过"孝行"可以步入仕途。隋唐时期，科举制经过唐太宗、武则天、唐玄宗不断发展，已经成为一项非常完善的选拔人才的制度。由于科举制的盛行，以孝选官在选官制度中的权重有明显下降，不再像汉代是选拔官员的主流，但是仍然作为科举制的重要补充形式而存在。从唐代诸多史书中可以看出，唐代对官员的选授和考课都非常重视品行。据《唐六典》记载："以三类观其异：一曰德行，二曰才用，三曰劳效。德钧以才，才钧以劳。"从史料记载中足以看出唐朝对道德品行的重视，显而易见，作为德之本的孝行，自然而然地成为选拔官员的重要参考。

从具体措施来看，唐政府为了提倡孝行，把以孝选官纳入到了科举制之中，为此专门设立了以"孝悌"为名的考试科目——孝悌廉让科与孝悌力田科，单从名字来看就不难窥到其本意了。《唐六典》中有记载：民众当中凡是正直清修，有孝行之名的人，旌表其家庭，甚至还有机会参与到孝悌力田的推荐中。就古代社会而言，能够得到朝廷旌表是莫大的荣誉。至德二年，朝廷颁布的《访至友孝悌诏》中有这样一段记载："其天下有至孝友弟、行著乡间堪旌表者，郡县长官采听闻奏，庶孝子顺孙，沐於元化也。"其大意是：天下的百姓如果有孝敬父母、友悌兄弟的良好品行，并且闻名于乡间的，命令该县的父母官将其事迹陈奏给朝廷，这些孝子顺孙，有利于良好的民间风化的形成。

孝悌廉让实际上就是"孝廉"的全称，与孝悌力田都起源于汉代，但是二者还是有所区别的，汉代时期以孝选官是主流，这一时期主要以察举、征辟等方式进行，被推荐者孝行是否突出，是决定其能否步入仕途的首要条件。而隋唐时期，主流的选官制度是科举制，作为补充方式的孝悌廉让和孝悌力田实际上是为科举选官服务的，个人的孝行品德只是其通向官场的助推器，能否真正入选授职，还要看能否通过科举考试。

为了能够真正选拔出孝行卓著者，唐代把"孝"引入科举考试，被奉为经典的《孝经》被列为必考内容。公元680年，考功员外郎刘思立始奏二科并加帖经。随后，又增加《老子》、《孝经》，几科并行。《册府元龟·贡举部·条制第二》云："明经所试一大经及《孝经》。"这说明《孝经》成为唐代科举考试的重要科目之一。科举考试用今天的眼光来看，有些类似于公务员的省考和国考，在那个年代，在省考和国考中考《孝经》中的内容，很明显的就是国家想要选拔忠臣孝子。

武则天统治时期，停止考试《老子》，但《孝经》依旧是考试内容。唐玄宗开元年间，虽然对之前的必考科目《老子》、《尔雅》等做出了调整，《孝经》仍旧地位稳固，牢牢占据着科举考试的一席之地。宝应二年（763），礼部侍郎杨绾提出："《论语》、《孝经》、《孟子》兼为一经，其明经、进士及道举并停。"杨绾是唐代宗时期的礼部侍郎，在"安史之乱"结束后的第二年，上疏要求皇帝批准《孟子》与《论语》、《孝经》同列一经作为科举考试的必读教科书。唐代官吏不仅在入仕之前要学习《孝经》，入仕之后依然会被要求以《孝经》为行为准则。

当然，在具体考试的要求方面，相对于科举考试的重要科目，如进士、明经而言，孝悌廉让与孝悌力田科的考试，无论是在考试内容还是难易程度上，都调整了尺度，降低了标准。比如说，孝悌廉让科在考试时，精通一经，测试格策三道，主要考察古今治理国家的对策以及对当今时务的理解，能够名列前茅者，交于吏部，授予官职。而孝悌力田科的考试如出一辙，只要能熟读一经，对该经有准确的理解，即可推荐参加朝廷的孝悌科目考试。从两门科目的考试范围来看，其基本要求不外乎"精通一经"或"熟读一经"，与明经科要求掌握诸多儒家经典的考试，或者进士科既要考儒家经典又要考诗赋相比，的确容易得多。特别是对于古代人而言，诵读经书乃是家常便饭，更何况考试的内容还如此简单，因此不失为通往仕途的捷径。

从唐朝的史书记载看，因孝廉而被授官的大有人在。如，蒋沇，莱州人，礼部侍郎蒋钦绪之子，博学多才，少时就极负盛名。因为孝行卓著，以孝廉之名授官洛阳尉，后升迁至监察御史。和兄长蒋演、蒋溶，弟弟蒋清均以擅长吏治而闻名于天宝年间。蒋沇为官处事平允，剖断精当，成为朝中群僚们的楷模。《新唐书》中记载，绳，知人之子，擅长文辞。绳孝顺父母，友善兄弟，甚至亲自抚养宗属的遗孤。后来被推荐为孝廉，他却因为母亲上了年纪而不肯入仕。又过了二十年，乃任长安尉，威行京师。之后擢升为监察御史，天宝初年，入朝为秘书少监。玄宗喜欢文学，非常重视他。

除此之外，像建中元年，以孝悌力田闻名于乡间的张皓、郭黄中、崔浩、李牧等人均凭借孝行步入仕途。由此可以看出，因孝廉及第的官员，不仅受到政府的重用，而被编入史书名垂青史，成为人们效仿的榜样。

据史书记载，唐玄宗开元年间，玄宗发现朝廷在组织孝悌力田科的考试时，擅自提高标准，不符合朝廷考核的要求，因此立即下诏纠正。对于因"孝悌"、"力田"被推荐的考生，只要事迹显著，将享有皇帝给予的特殊关照，不需要随着其他常科考试的内容来定。玄宗的处理方式，足以证明对孝行的重视，同时也有利于民众自觉形成良好的行孝之风。

从以上资料中不难看出，作为科举补充的"孝悌廉让"和"孝悌力田"在唐代备受重视，为朝廷选拔了大量有着良好孝德品行的官员。当然，朝廷大力提倡，对于普通民众而言，实际上也多了一种实现自己政治理想的途径。到唐肃宗时，曾一度停止明经、进士等科考试，而只察举孝廉。这种选官方式直到后世依然沿袭，并不断地发展完善。

对于"孝悌廉让"与"孝悌力田"两科在科考中放宽尺度、降低标准的政策，以及其他科考项目对孝悌考生的特殊关照等，虽然选拔了一批有孝德的孝子贤孙，但是也必然会使一批能力低下、才疏学浅的人混入官场。虽然德行是做人的根本，但是就为官而言，除了有良好的道德品行，还需要有治理国家的才干，自汉代开始的以孝选官，虽然对创造良好的社会风气、劝民以孝有重要作用，但很多人只是徒有孝行，却缺乏处理政事的基本能力。而且就这些孝子本身来看，由于深受儒家传统伦理道德这的影响，大多比较保守，循规蹈矩，有时候遇到特别棘手的政治问题不懂灵活变通，这对于提高政府办事能力和施政管理水平，有很大的消极作用。

二 传统"唯孝唯悌"选官方式的延续

中国古代非常注重传统伦理道德的继承和延续，俗话说"德莫大于孝，罪莫大于不孝"，传统道德当中最高的道德品质莫过于孝道，而不孝则是罪莫大焉。"孝悌忠顺之行而后可以为人，可以为人而后可以治人也。"基于此，隋唐时期，仍然沿用着传统的"唯孝唯悌"的选官方式。

唐朝时，除了科考中对孝行卓著的人给予特殊的优待措施，科考之外孝子仍然备受政府的青睐和器重。虽然这一时期政府正式将以孝选官纳入到了常科考试中，但这并不意味着不经考试途径的孝悌选官现象彻底消失。从汉代起，其后历代封建社会，因孝悌而直接步入官场、授以官职的现象普遍存在。这类为官者，不再需要接受朝廷统一的考试，而是经过朝廷对其孝行的考核后，直接录用并授予官职。如，贞观年间，诏令各级州县举孝廉、茂才、好学、异能、卓荦之士。这里将孝廉排在首位，很明显地封建帝王认为选拔官员首要的标准是有无良好的孝行。

这种选官方式非常灵活，是作为正规考试外的补充。因此，不规定具体的时间，也不进行统一的考试，而是直接由政府通过考察的方式任命。选拔的人才包括孝行卓著的人、品德高尚的人、才华横溢的人、有特殊才能的人，等等。当然，对于选拔出来的孝廉人才，唐代帝王十分重视。有时候为了考察这些直接选拔的官员是否名副其实，会把他们召集起来统一进行考核，看是否有出色的治国才能，是否掌握了《孝经》的具体内容。

对于孝行卓著者，政府也会量德授官。高宗时有个叫元让的人，年少时考取明经及第，其母生病了，所以就不愿意做官，亲自为母亲端药膳，尽心尽力地侍奉母亲，数十年间没有出家门。其母去世后，永淳元年时，巡察使向朝廷禀报，认为元让是至孝之人，推荐其做官，后擢拜其为太子右内率府长史。

唐朝时还有一个因孝被选拔做官的典型，即王少玄。少玄的父亲在隋末年间被乱兵所害，他是遗腹子，十多岁时向妈妈询问父亲在哪儿，妈妈告诉他实情后，哀泣不已，想要找到父亲的尸体来安葬。由于其父被害时正值战乱时期，白骨蔽野，根本没法辨识。少玄突然想到，儿子的血沾到父亲的尸骨上，一定会渗入尸骨中，正所谓父子连心。有了一线希望后，少玄刺伤身体来尝试，一段时间后，真的找到了父亲的尸骨，并好生将其安葬。但是在这之后，少玄全身长满了病疮，过了好多年才痊愈。鉴于少玄的表现，贞观时州长官推荐他做官，后拜为徐王府参军。

唐代孝子刘敦儒，母亲患有心疾，每天都要鞭笞人，家中的子女们都不胜其苦，纷纷逃到别的地方躲避。唯有敦儒丝毫没有改变，仍然用心地侍奉孝敬母亲，身体经常因为鞭笞流血不止。直到母亲去世，一直都不离不弃，洛中谓之刘孝子。元和中，东都留守权德舆据实禀奏了他的孝行，于是朝廷颁发诏令旌表他的孝行可以和王祥、曾参相媲美，并赐予其官职。

贾言忠，河南洛阳人，唐代诗人贾至的祖父，以孝闻名于当世。言忠样貌魁梧，对待母亲至亲至孝，美名为朝廷所知，于是补为万年（今陕西临潼）主簿，后因政绩突出，再度升迁为监察御史。正值辽东有战事，言忠奉命前往，支援军粮。回来后高宗问起战前军事，言忠将山川地势画在纸上，并且详细地禀报了辽东的战况，高宗龙颜大悦。之后，高宗向其询问诸将的优劣，言忠答道："李勣乃是先朝旧臣，陛下对其非常熟悉；庞同善虽然不是斗将，但是持军严整；薛仁贵勇冠三军，光靠着他的名号就足以威震敌人；高侃俭素自处，忠心耿耿，富于谋略；契苾何力沉毅持重，有统领之才，但是有时候对年长的将领颇有微词。但是要论忘身忧国者，谁都比不上李勣。"高宗对他说的话非常赏识，深信不疑。由此可见，贾言忠具有极好的洞察力，他对这些将领有着非常中肯、得当的评价。所举荐的将领大多都是骁勇善战，成为唐朝的名将。后来，唐朝攻打高丽王朝，言忠献良策破高丽，加上举荐良将有功，兼任吏部员外郎。

在两唐书《孝友传》中因孝行卓著被直接赐官的人比比皆是，由此不难看出在唐代上自王室官僚，下至普通百姓，在良好的社会风气下基本上都能够做到践行孝道。对于传统"唯孝唯悌"选官方式的延续，有力地补充了科考的不足，对广大孝子贤孙们步入仕途非常有利。从另一个角度看，这种方式也可以鼓励更多的人行孝，不失为一种树立良好社会风气的有效途径。

三 赐官于孝子——家族的孝悌声誉对以孝选官的影响

就整个中国古代社会以孝选官的整体情况来看，对孝义之家的政治礼遇非常隆重，除了例行的旌表门闾、赏赐财物、表彰孝行外,其家族成员往往还可以不经考试就能够获得官职。这类选官是以家族、宗族或者家庭为单位,在全国范围内普遍授官予孝子,以表示对孝义之家的器重。由此可见,家族的孝悌声誉对以孝选官产生了重要影响。

据《全唐文》记载:"其天下孝义门,各与一子官,委采访使具名奏闻,量文武处分。"这里的"孝义之门",指的是那些因孝悌仁义而受过朝廷旌表的家族。在这类家庭当中,不需要通过任何考试程序,也不需要地方官推荐,直接在家族的孝子贤孙中选拔一个人,国家赐予其官职。就我们现在看来,这可以算得上是最简单的入仕途径了。在此类选拔官员中,皇帝赐官的唯一理由即是家族的孝悌声誉及本人的孝德孝行表现。

在封建社会,求忠臣必于孝子之家,这被历朝历代封建统治者都奉为真理。这表明传统儒家人伦关系中的孝义道德,在封建国家现实政治需要的支配下,往往就转换成为一种政治资源或步入仕途的价码。通过朝廷赐官,将单纯的孝义道德置换成为一种实实在在的现实政治利益。

就选官本身的出发点来看,从孝义之门选拔孝子无可厚非,也可以起到推广孝行的良好作用。但是从另一个角度来看,本来孝义之门是良好道德品行的象征,是儒家伦理道德的绝好彰显,但是却因为选拔官员使儒家人伦道德蒙上了浓重的政治色彩,这些孝义之门的子弟绝大部分是孝德出众,但是也不排除徒有虚名者借此机会混入官场。在封建社会,是人治而不是法治,皇帝说了算,旌表你为孝义之门你就是孝义之门,这里面掺杂了太多的人为的东西。特别是到唐朝中后期,宦官专权,朝政被搞得乌烟瘴气,一片乱象,在这种情况下,又怎么能期望这些人能够选拔出真正的孝义之家呢?很多至孝之人可能无权无钱,终老都得不到旌表;相反的,有些所谓的孝义之家,可能是官场中的裙带关系，很有可能是徒有其表。但是可以肯定的是，靠这种方式选拔出的官员，不可能每一个都是封建国家的合格的官员。

四　官员孝行卓著助其步步高升

古代社会不仅选拔官员时注重对孝德的考核，对于那些已经入仕的官员，仍然要求他们做到"孝德修身"，这与孝悌选官是一脉相承的。《礼记·冠义》中有云："故孝悌忠顺之行立，而后可以为人，可以为人，而后可以治人也。"这正是儒家孝道伦理的基本要求。《旧唐书》中记载：按《孝经》的规定行孝，足以事父兄，这是为人臣的基本要求。

不仅如此，对于已经通过各种选拔跻身官场的官员来说，是否具有良好的孝悌品行，往往会成为决定其仕途命运的重要条件。在唐代，统治者对官会不定期考核，对于那些孝行显著的会酌情升迁，而对于不孝的官员会给予严厉的惩罚。

苏瓌，字昌荣，雍州武功人。一生清正廉洁，深知百姓疾苦，为后人所怀念。《新唐书·苏瓌传》中记载："苏瓌入仕后，任恒州参军，其母去世后，居丧期间，痛苦不已，人也因此憔悴不堪，左庶子张大安表举其孝悌之行，朝廷擢升其为豫王府录事参军。"《大唐新语》卷五《孝行第十》中有这样一段记载："崔希高，以仁孝友悌著称，母亲去世后，在服丧期间，痛苦不堪，其悲伤之情让人动容。在做邺县县丞时，他说居住的屋子生满了芝草，长到了数尺高。州长官听说后禀报朝廷，升迁为监察御史，转并州兵曹、冯翊令。"

上述两则材料提到的苏瓌和崔希高，都是因为在为母服丧期间有着突出的孝行表现而得到了升迁。可见，尽管已经入仕，官员的一言一行、一举一动有时候仍在皇帝考察的范围之内。父母健在时能否尽孝，父母去世后能否为其服丧，这些在很大程度上是决定入仕官员今后发展方向的重要因素。

但是，在古代官场政治生活当中，一方面倡导为人臣者要恪尽孝道，另外一方面又要求官员要绝对地效忠于国家，效忠于皇帝。这就在忠孝之间产生了激烈的矛盾。中国古代封建社会是专制主义中央集权，在集权的最顶端是封建帝王，高度集中的政治制度下需要臣子绝对的尽忠，不可有二心。对于帝王来说，培养忠臣最有效的途径莫过于选拔孝子，这是一条捷径。事实上，在官场中，入仕的官员们经常陷入一个极其尴尬的境地，事亲与事君往往不得兼顾，很难做到忠孝两全。

《新唐书·桓彦范传》中记载：桓彦范是孝子，因为不满武则天的统治，与其他人一起参与到推翻武周政权的行列中。推翻政权是一件极其危险的事，考虑到一旦举事失败，不但自己可能身首分离不能尽孝，甚至还会连累到家中的老母亲，因此在举事前桓彦范便征求母亲的意见。其母深明大义，认为推翻武周政权恢复李家天下，是忠于国家的行为，忠孝既然不能两全，便坚决支持儿子弃孝求忠，做唐王朝的忠臣。桓彦范的母亲算得上是封建时代非常开明的母亲，在儿子面临艰难的抉择时，支持儿子做出合理的选择，使儿子抛开了后顾之忧，得以全身心地投入到自己的"大业"中，这种母亲值得钦佩。但是从桓彦范的角度来看，却从中感觉到一点点悲戚，一方面想要守护老母亲，在母亲榻前尽儿子的义务；另一方面，却又想要为李唐王室尽自己的一份力量。当忠与孝同时压在他的肩头时，他那时的心境又有几人能够真正理解？当然，由于桓母的开明，使得这个矛盾暂时得到了缓和，最终有了较好的解决办法。

考察唐朝的相关文献，我们不难发现，在入仕官员中，如果尽忠与尽孝发生尖锐的冲突时，封建国家的政治原则，一般都是以牺牲官员尽孝的义务,来满足其尽忠的政治需要。封建国家一方面大张旗鼓地宣扬、标榜孝行孝道,另外一方面,在真正处理忠孝的矛盾时,又将之前的仁义道德、孝悌品行全扔在一边,陷官员于不孝之中。所以封建统治者所谓的"孝"实际上是为其统治服务的,当有利于其统治时,会大力提倡,甚至表彰、提拔孝行突出的官员,但是一旦触及其利益时,便不管不顾,任何人都必须为政治利益服务。这不能不说是一种伪善、伪孝,在光鲜的皮囊下包裹着无比丑陋的心。对于官员们来说,这是一种悲哀,对于帝王们来说,这是极度的虚伪。

五 韦氏兄弟孝德卓著得官运亨通

韦承庆、韦嗣立,武则天时著名的孝子。兄弟二人的父亲在唐朝时也是名人,名为韦思谦,进士出身,担任御史大夫好多年,口碑极好。任职时曾对武则天说:老臣有两个儿子,均有孝悌品行,对陛下忠心耿耿,可以来辅佐陛下。韦思谦长子韦承庆,字延休,唐代河内郡阳武县人,为人谨小慎微,对继母非常孝顺。考中进士后,累迁凤阁舍人,在朝堂上经常向皇帝进正义之言。后转为天官侍郎,长安中,拜授凤阁侍郎,同平章事。次子韦嗣立,字延构,少时中进士,任双流令,政绩斐然。

武则天执政期间,时任凤阁舍人的韦承庆因病去世,武则天便召时任蜀中地方县令的韦嗣立入京,对他说道:"寡人以前听你的父亲提到过你和你的哥哥,你哥哥为朝廷效力的这些年,就像你父亲所说的一样,是个至忠至孝的人。现在我赐予你凤阁舍人的官职,希望你能够替代兄长的职位,继承、发扬他良好的品行。"在武则天忠孝观念的引领下,韦氏家族一门二子得以被朝廷重用,而韦嗣立更是从一个地位卑微、品级低下的地方县令一跃成为朝廷中枢机构的要员。

唐代对孝行卓著官员的表彰及升迁，首先褒奖为官的孝子，激励他们更加积极地为朝廷效力，充分发挥自己的才干；其次，官员们为了能够升迁，绝大部分会恪尽孝道，这对于官僚集团内部形成良好的道德风气有重要的作用；第三，官员们的孝行得到朝廷的奖励，势必会起到社会教化的积极作用。试想，如果一方父母官是极负盛名的孝子的话，那么他管辖地区的百姓会不自觉地效仿其行为，从而更有利于对地方政事的治理。

官场中由"孝"而"迁"的例子比比皆是。当然，若要单纯地想着靠孝行来升迁的话，未必会完全奏效。毕竟在官场这种复杂的环境中，品质是一方面，是否有良好的执政能力、敏锐的洞察力，都是决定其升迁与否的重要因素。

总而言之，韦氏兄弟作为封建国家的官吏，能够在人才济济的朝廷中站稳脚跟，稳中有升，恰恰体现了孝行已经成为一种非常有效的潜在政治资源。这种政治资源随时都有可能发生变化，既可以成为那些平民百姓跻身仕途的有效途径，又可以成为官场中人升迁的阶梯。这是中国古代以孝治国观念付诸人事实践的必然结果。

六　官场中扭曲人性的孝

封建国家为了政治需要，大肆弘扬孝风孝行乃是常事。帝王将相们常常利用国家的行政权力旌表孝悌，树立孝德楷模以教化百姓。正是历代封建王朝一批批孝道楷模的不断宣扬、标榜，形成了自民间到官场孝行浓厚的氛围，唐朝作为封建社会的高峰期，自不例外。

一方面，无数孝子贤孙以各种各样的行为彰显着自己对孝道的理解，另一方面，在封建专制统治的压抑下，传统的事亲尽孝的道德本性，有些却渐渐展现出僵化、扭曲的一面，这是违背人性正常发展的。这种畸形蜕变最为典型的莫过于伤身自残以尽孝。不过，令人讶异的是，这种违背人性的孝道却被历代统治者一再表彰。

《新唐书·孝友传》记载："唐时陈藏器著《本草拾遗》，谓人肉治羸疾，自是民间以父母疾，多刳股肉而进。"由此，人肉治病之说盛行，从民间到官场中纷纷兴起了割股肉为父母治病的风气，后来甚至发展成为割乳、剖腹等各种自残肢体的行为。

朝廷对此类行为大肆标榜，代表最高皇权的帝王对这种行为的高度评价，让这种行为瞬间笼罩在光环下，于是引来越来越多的人效仿，对社会民众具有极大的诱导作用，因而大大刺激了民间"割肉疗亲"行为的盛行。

除此之外，在封建王朝孝治实施的过程中，以孝枉法是最典型的，有些官员、百姓因孝杀人会减罪或者免罪。只要杀人的动机是为尽孝道，封建国家所谓的法律便会酌情给予减刑或者免死。比如，唐朝初年卫孝女在手刃了杀复仇人之后，向官吏报告说自己已经报了父仇，请求接受刑法的处置。结果太宗免除了她的罪行，赐予田宅，对她礼遇非常。当然，并非每一个杀人者都像卫孝女一样幸运，但不可否认的是，在相关文献记载中，此类现象不在少数，绝大多数的案例，对因孝杀人者都网开一面。但是，从立法的角度来看，历代颁布的法律法规中均没有一条规定孝子杀人可以减刑甚至免死的。相反的，"杀人者死，伤人及盗抵罪。"这就使原本严肃的法律撕开了一道口子，引起了司法上的极大混乱，这种所谓的对行孝者的表彰实际上严重背离了法律原有的精神，同样是一种扭曲人性的孝。

事实上，儒家最初的行孝方式的起点，即是从保护自己的身体发肤开始的。《孝经·开宗明义章》中记载："身体发肤，受之父母，不敢毁伤，孝之始也。"唐代以来，封建王朝所旌表的割肉疗亲，把伤害身体作为孝亲的典型予以大张旗鼓的表彰，殊不知，这种行为方式恰恰违背了事亲尽孝的本意，传统的行孝方式渐渐丧失了原有的道德品性，显现出极其扭曲的人伦道德缺陷，最终这种缺陷不断膨胀，使儒家传统孝道走向了畸形变态的极端。

七 白居易母亡作诗惨遭贬官

白居易是唐朝伟大的现实主义诗人，字乐天，号香山居士。他自幼聪颖，很有悟性，并且喜爱读书，年纪轻轻就有极高的文学造诣。贞元十六年，白居易考取进士，一举成名，显赫一时。十九年春，官拜秘书省校书郎。后来在皇帝主持的特科考试中，他所作的"策目七十五门"因锋芒太露而不为朝廷所悦，加上出言太直，不得为朝官。元和年间，授翰林学士，草拟诏书，参与国政。白居易的性格非常直爽，在朝为官时能直言不讳，不惧权贵，这种性格与朝廷中的某些趋炎附势之人格格不入。白居易在元和年间写了大量的讽喻诗，因而招致权贵们的愤恨，甚至想要将其排斥出官僚队伍中。白居易44岁那年，宰相武元衡和御史中丞裴度遭人暗杀，武元衡当场死亡，裴度身受重伤。面对朝廷命官出现的死伤大事，当权派们竟然无动于衷，想着延期处理。白居易对这种行为非常气愤，上书朝廷，主张缉拿凶手，严惩不贷。没想到白居易的本来正义的行为却遭到了当权派的嫉恨，诬陷他是一种僭越行为，于是将他贬为州刺史。

《白居易集》中有一封写给朋友杨虞卿的信，信里写道："我被贬官的诏旨已经下达，明天就要出京东行了，借这个机会想把心中的委屈详细地向你说说。去年六月，强盗在右丞相武元衡上朝的路上杀害了他，当时武元衡满身是血，头以及身躯都被砍烂了，惨不忍睹，让人回想起来心里仍然非常难受。我以前从来没有见过如此血腥、暴力的事情。如果当时人们看到了武元衡被害的惨状，哪怕是普通的田间野夫，也会站出来伸张正义的，更何况我是朝廷大臣呢！武元衡被杀后，我向皇帝呈上了奏章。没过两天，京城几乎所有的人都知道了。那些向来与我不合的人，便借机造谣诬陷我，认为比我官职高的人还没有上书奏事，我一个大夫有什么权利来发表言论呢？这明显的是职权的僭越。我反思自己的行为，尽管我的官职很低，但是朝廷发生了这么大的事情，作为臣子，我认为我的上书是忠诚的表现，是对这种残暴行为的愤恨，问心无愧。别人说我目中无人，我又能辩解什么呢？"

从白居易书信的内容不难看出，他确是一个直率、正直、有良知的人，敢于直言不讳，发表自己的见解，遇到不平事也会勇敢地站出来，不怕得罪权贵。这种性格在白居易的诗歌中也有所体现。为了了解民间疾苦，体察民情，他在做官期间，经常深入到民众当中，亲眼见到农民悲惨的处境，因此写成了名篇《观刈麦》。正是白居易的这种经历，赋予了他丰富的创作灵感，成就了一代名家。

白居易为官清正廉洁，一身正气。这种性格对于百姓而言当然是不可多得的好官，但是就整个封建统治集团来说，很容易招致权贵们的嫉恨，这也是后来白居易被贬黜的原因之一。但是除此之外，关于白居易遭贬黜还有另外一个非常重要的原因。据《旧唐书·白居易传》记载，唐宪宗元和年间，白居易任职京官，他的母亲在赏花的时候不小心失足坠井身亡。唐朝是非常注重孝道的，在常人看来，母亲去世，作为儿子的理应伤心欲绝，这才符合传统孝道的要求。但巧合的是，白居易恰恰在这个时候作了两首不合时宜的诗，一曰《赏花》，一曰《新井诗》。且不论这两首诗的内容如何，单纯从名字来看，的确有些不合封建孝道伦理。这个时候，白居易的政敌便抓住其把柄，以其严重违背封建人伦孝道为由，对其大肆弹劾和攻击，认为白居易的做法已经不符合为官者的道德品行，强烈要求皇帝将其贬黜。最终，被贬为江州司马，从此在政坛上一蹶不振。

其实，就诗篇本身的内容来看，并无所谓的有伤名教的做法。细细品味，真正让政敌抓住把柄的应该是在一个"赏"字，本来母亲坠井身亡，儿子作诗，并无直接的联系。但是在诗名前冠以"赏"字，就确让人觉得有些不敬了。何为"赏"？以闲心而解逸致也。母亲去世是噩耗，虽然诗中处处透着悲情，但仅这一个"赏"字，足以让政敌鸡蛋里挑骨头，抓住白居易的小辫子了。

白居易的遭遇让我们不难想起南宋时候的岳飞，虽然二人有本质上的不同，但似乎都被冠以"莫须有"的罪名。白居易作为一代文豪，在诗坛上可以说是顶尖人物，怎么会犯如此低级的错误？想必是说者无意听者有心罢了。白居易仅仅想通过诗歌哀悼亡母，谁曾想，身后的政敌们都在伺机而动，就等着抓住机会狠狠地整治他一番，而这个借口找的非常合乎情理，作为官员，你不具备孝行当然应该被贬黜了。所以说欲加之罪，何患无辞。如此，就不难理解为何白居易人到中年，却落得个被贬官的下场了。

由白居易的例子不难看出，孝道作为一种政治资源被运用到官吏铨选的过程中，一方面以孝行著称的人可以做官甚至擢升，但是不孝之人抑或是所谓的被人冠以"不孝"罪名的人都会遭到贬官甚至罢黜。

第六章 "承袭相沿"——宋元时期的以孝选官

一 孝德与才学兼具——宋朝"孝悌"选官的重要原则

宋朝开国,政治上承袭汉代以来"以孝治天下"的立国原则,把儒家孝悌伦理普遍运用于朝廷施政实践。传统中国孝道文化,在经历唐末五代十国的动荡乱局后,在新的历史条件下,被重新纳入封建政治的纲常轨道。历代统治者高调倡导孝道,其根本目的是为了实施"孝治",即以孝治国安民。而以孝道教化民众,提高社会民众孝德素质及行孝意识,则是"孝治"施政的基础。宋统治者在以孝治民,努力恢复传统的孝文化,重建孝文化的社会基础等方面,采取了历代的一些常见基本措施,主要有:注重孝道教化,强化孝治的施政思想;奉行尊老国策,培养孝道顺民;表彰孝德孝行,树立尽孝楷模。在法制建设方面,以唐律为蓝本制定了宋代刑法大典《宋刑统》,以完善缜密的法律条文,对各种不孝行为实施严格的社会控制,并采取司法手段严惩不孝顺的行为犯罪。把孝道伦理和孝悌品行引入国家教育制度和人事制度,使之成为朝廷人才选拔或官员升迁罢黜的重要依据或重要参照标准,是宋代统治者孝治施政的又一重要方面。上述政策措施在汉唐时代都可找到范例,但是在宋朝更为完善。其中在两个方面,宋朝的孝文化有了较明显的发展,具有显著特征:一个是从理论上和实践中解决了"忠孝不能两全"的难题;二是孝文化理学化。本文将就此特征作一点探讨。

从孝的内容上看无非包括两方面,一是对封建家庭而言,提倡敦人化、崇孝悌,要求子女对家长必须绝对服从;二是对专制统治来说,把对封建家长的"孝"转化为对封建帝王的"忠",最大的孝即为忠。孝文化的核心价值是"孝"还是"忠",或者说当"忠孝不能两全"时,是"忠"服从于"孝"还是"孝"服从于"忠",这个难题在宋朝以前并没有合理的法制和伦理答案。在唐朝以前,人们是偏重于"孝"。"忠"只是"孝"的进一步发展和延伸。唐朝则是忠与孝并举,实践中由各人自己把握,但仍将孝文化的核心价值定义为孝顺父母。这与统治者的统治目的相比相差甚远,站在统治者的角度,孝文化的核心价值首先应该是忠君。所以,到了宋朝,终于确立了事君重于事父母,即忠重于孝的伦理道德标准,从而为后世人们在实践中指明了方向。

效忠于君主帝王是忠的起码要求,尽管唐代"以孝悌名通朝廷者,多闾巷刺草之民",官僚士大夫阶层中的大多数人还是能做到孝顺父母的。在尽孝的层面,对于他们不仅有着特殊的伦理要求,而且有着完备的制度约束。如果孝道不完善,他们不仅面临着社会舆论道德的谴责,还会受到同僚的弹劾以至于影响仕途,当然,其中不乏以孝为借口的内部倾轧。对于他们来说,能否在官居高位之后仍能一如既往地孝顺父母,关键在侍亲和丁忧二事。在侍亲方面,有带官侍亲、移官就养、请任闲官以及辞职侍亲等几种方法可以选择。丁忧却一方面需要自我的道德约束,另一方面则需要社会舆论的压力和国家制度的制约。尽管唐代起复之例并不罕见,但多数官员还是能做到为父母守满丧期的,并且他们的行为也会受到君主和百姓的褒扬。在这里，需要特别指出的一点是，官僚士大夫阶层要直接面对忠孝能否两全的问题，他们一直在尽可能地做到忠孝两全。一旦事君与事父母二者不可兼得时，在唐代是"各求所志，盖取诸随"，无论在观念还是在行为上其标准和条例都没有固定下来。例如，武德年间，有卢方庆者，"为察非掾，秦王器之。尝引与议建成事，方庆辞曰：母老矣，丐身归养。王不逼也。贞观中，为稾城令。"卢方庆不愿涉足是非之地，最好的借口莫过于奉养老母了，而李世民不仅不强求，反倒在登基之后给了他一个官位。此外还有一个例子可以印证：桓彦范参与"五王反正"以前曾征求母亲的意见。他母亲说："忠孝不并立，义先国家可也。"代表了她的看法。在"忠孝不能并立"的时候，唐朝统治者不强求其臣民"孝"从于"忠"，说明善事父母才是孝文化的核心价值。

但是，到了宋朝，统治者明确地规定了在孝文化中"忠"才是核心。《宋大诏令集》第一百九十卷《政事·诫饬》中收有宋太宗雍熙二年六月辛丑《约束州县长吏不得出家讳诏》，诏令明确规定："新授职官内有家讳者，除三省御史台五品文班四品武班三品以上许准式，其余不在改避之限。"与上文所引唐代的规定形成了鲜明的对比，宋太宗说："卒哭而讳，止可施于私家；闺门之事，岂宜责于公府。"说明在他的观念中，公先于私，或者说忠高于孝，而家庭事务绝不能影响政府决策，在这里可以看出宋朝在孝的伦理观念上产生了新的变异和发展。其实，还有许多典型事例可以说明这一点，如妇孺皆知的"岳母刺字"的故事。岳飞是南宋军事家、抗金名将、民族英雄，十九岁时投军抗辽，不久因父丧，离开军中回乡守孝。1126年金兵大举入侵中原，岳飞在守孝期间再次投军，开始了他抗击金军，保家卫国的戎马生涯。传说岳飞临走时，其母姚氏在他背上刺了"尽忠报国"四个大字,这成为岳飞终生遵奉的信条。无论岳母刺字是否真实,这个故事的广泛流传本身就说明在宋朝百姓的心里,"忠"重于"孝"。

孝的最高境界,是对最高统治者的孝,对皇权的孝,也就是所谓的尽忠。孝在中国传统上早已融入到到封建礼法的教育里。封建统治阶级为了维护自己的统治,大力宣扬孝道,提倡"以孝治天下",并把对最高统治者的忠放在对父母的尽孝之前,使忠君成为封建道德的首要规范,在"忠"与"孝"两者的关系中,对父母的"孝"是对国君的"忠"的概念缩微,为了皇权的稳固,统治者必须提倡孝道,这样才能使百姓和官员对君主心甘情愿的尽忠,"孝"成为实现"忠"的必要手段。

宋朝是理学兴盛的朝代,同时也是儒家思想发展的一个里程碑阶段,作为儒家思想核心内容的孝道不可避免地受到了理学的影响,并深深地打上了时代的烙印。正是因为孝在封建统治中的特殊作用,所以孝道作为一种思想,封建礼法对其进行了严格的规定。早在儒家的仁义道德中就宣扬所谓父慈、子孝、兄良、弟悌、夫义、妇听、长惠、幼顺、君仁、臣忠十者。宋代时,理学快速发展并有其新的道德规范和评判标准,宋朝理学家们对封建礼法进行了重新的解读和定义,它以儒家的伦理道德为基础,以宣扬忠孝节义的伦理思想为核心,大肆宣扬"存天理,灭人欲",借天道伦理来维护封建社会严格的贵贱尊卑的等级制度,礼在此时和理有了更加紧密的联系,同时,它在理中也占据了不可动摇的地位,成为有效规范人们生活行为、心理活动以及善恶评判的重要准则。

宋朝理学家认为:"若讲得道理明时,自是事亲不得不孝,事兄不得不悌,交朋友不得不信。"当人们把这种对孝的认识嫁接到每个人的社会行为中去时,所能做的一方面是事亲尽孝,另一方面则会造成对人的心灵和人性的双重摧残,并会严重束缚个人的社会行为。《宋史·蒋偕传》写道,蒋偕"父病,尝割股以疗,父愈,诘之曰:此岂孝耶?曰:情之所感,实不自知也"。这种愚孝对于社会人群的迫害性极其严重,类似的事例,不胜枚举。

孝道的初级教育和形成首先是从家庭教育开始的,从维护封建宗法等级制度的角度出发,要求子女必须绝对服从家长,家族中其他成员按照各自的身份处于不同的地位,并依次对上层服从。家族的族规所宣扬的基本内容就是敦人伦、崇孝悌,并以此作为评价和指导人们行为善恶的准则。从"父为子纲"的原则出发,"孝为百善先",孝道被摆在家庭家族伦理中最重要的位置。司马光在其家规《居家杂议》中提出:"凡是受父母之命,必籍记而佩之。时省而速之。若以父母之命为非,而直行己志,虽所执皆是,犹为不顺之子。"这里,"孝"的含义已经悄然发生了变化,不再只是儒家经典中单纯的"善父母为孝",而是进一步发展为不能越过封建家长所规定的一切标准,绝不允许子女在思想上与家长规定的不一致,必须严格遵照父母的规定行事,而且对父母的要求必须时刻铭记于心,做事时必须按父母之命谨言慎行,即使家长的决定有误,子女也必须无条件服从,不得有丝毫悖逆,否则,就会被裁定为冒犯了封建伦理规定,此即为大逆不道,就会被舆论视为不孝之子,严重时要受家法的无情处置。

这种孝道教育渗透于古代人的一生,"凡小儿甫能言,则教以尊尊长长"。子女对父母长辈的这种顺从与恭敬,在其未来的成长和发展中就会演变为金字塔式的等级服从。在家庭中听凭家长指挥,在家族中所有宗族成员都要听命于代表祖先的族长,任其发号施令,不能违背其意志,使宗族内部等级界限分明;而由这些宗族构成的封建社会的最高家长——皇帝就处于高高在上的地位，通过对全国各地大大小小的宗族的控制，皇帝可以达到统治国家和万民的目的。

除此之外，许多宗族的族规中还规定了其他详细的准则，比如对坐、行、语言、态度、仪表等都作了非常具体的说明，充分体现了封建家长的威严。例如在《郑氏世范》中就规定，当子孙受到长辈的训斥苛责时，哪怕是长辈犯错了，子孙也只能选择默默承受，不得有任何的辩解和顶撞。这种规定的目的很明确，就是使家庭成员不能有自己独立的思想，不能脱离旧有的封建礼制秩序，其思想被完全禁锢，只能靠盲从来体现自己的愚孝。《婺源清华戴氏世谱·家范》也规定，子女有事外出，也必须先禀明家长，未经允许，子女不得擅自行动，等等。试想，当一个人的行动自由都失去了，说话做事不得逾越条规的框架，那么这个人还能算是个完整意义的独立的人吗？但是另一方面，正是这样的规定，有助于消除家族内部的分裂因素，家庭稳固了，家庭成员逆来顺受了，家长也就好领导了。正因如此，封建家长们更推崇对孝的教育与宣传。

宋代是以宣扬理学闻名的，理学观念中对孝的吹捧和渲染在文献和典籍中随处可见。《宋史》中不仅在给官吏的传记中有很多与孝相关的内容，还专门编定了《孝义传》，旨在宣扬以孝为核心的封建道德。这其中，既有对于我们今天仍有积极作用的传统道德，例如尊重父母长辈、孝敬父母、赡养父母等，也有遭到我们今天所批判唾弃的封建社会利用封建道德对人性摧残的糟粕，我们要辩证地看待和继承这些内容。

宋统治者从"其为人也孝悌，而好犯上者鲜也"这一历代统治人民的为政经验出发，大力提倡和弘扬孝道文化。宋朝对孝文化的发展表现出两大明显特征，一是终于完成了"移孝于忠"，从理论上和实践上两个方面确立了事君重于事亲；二是将孝道纳入其理学范畴。这些变化的根本目的在于利用孝道文化巩固宋王朝的封建统治。中国古代孝道发展的规律表明：越发展到封建社会的后期，孝道意识越强，孝道规范对人的禁锢越深，因此，宋朝统治者推行的一系列孝治措施，不仅促进了宋王朝本朝孝道观念的强化，形成了宋代民间重孝弘孝的浓厚孝文化氛围，而且把中国古代孝道文化的发展推向了明清时期愚孝愚忠的历史最高峰。从这个角度来说，宋朝是我国孝文化发展的一个重要历史阶段。

二 孝悌行为与仕途命运

宋元明清四朝，对于官吏的管理和选拔制度进一步发展。宋朝将儒家伦理道德与孝道品行纳入国家教育制度和人事制度的考察范围，使之成为朝廷人才选拔或官员升迁罢黜的重要依据和标准。唐朝以后，国家对于人才的选拔，首要途径就是科举，在宋代科举考试中《孝经》是必考内容。如明经科考试，除有关经典外，还兼以《论语》、《孝经》及时务策三条，在以孝选拔人才方面，宋代沿用前朝旧有的规定，设立了以孝命名的人才选拔科目——孝悌廉让和孝悌力田。明清时期，治国的基本方略没发生根本性的变化，同时在前朝官僚的管理和选拔制度基础上继续加强儒家伦理道德在人才选拔和考核中的作用，例如在清朝，乡试共考三场，一场考经义，二场考礼乐论述，三场考时务策，三考及格者再考五艺，其中最主要的三场考试内容均为儒家的经典。

把孝道伦理与孝悌品行纳入国家教育制度和人事制度，使之成为朝廷人才选拔或官员升迁罢黜的重要依据和标准，是宋代统治者以孝施政的又一重要表现方面。在封建王朝的传统教育中，孝一直处于儒家教育思想的核心地位，"夫孝，德之本也，教之所由生也"。宋代在发展传统孝道文化方面，除一如既往地重视政府的舆论导向作用外，还非常注重在教育制度尤其是在学校教育中制定相关措施用来辅助贯彻执行政府的孝道思想。《宋会要辑稿·崇儒二·郡县学》："大观新格……诸小学，八岁以上听入，若在家在公有违犯，若不孝不悌，不在入学之限。"在这一涉及郡县教育的国家政策法令中，孝悌品行成为能否入学的重要条件，哪怕是仅仅八岁的幼童，政府也作了是否孝顺的入学限制条件，宋朝统治者对郡县学生孝德品行的重视，由此可见一斑。在教学课程设置方面，《孝经》被定为专门教材列入学生必修课程。宋徽宗统治时期，提举黔南路学事戴安仁上言："今欲乞立劝沮之法，分上中下三等。上等为能诵《孝经》、《论语》、《孟子》及一经略通义理者，特与推恩；中等为能诵《孝经》、《论语》、《孟子》者，与赐帛及给冠带；下等为能诵《孝经》、《论语》或《孟子》者，给与纸、笔、砚、墨之费。从之。"从以上文献记载中可以得知，在地方郡县学校各类儒学教材中，《孝经》排名第一，受到政府推崇，熟读背诵《孝经》，是朝廷对郡县学校不同等级、不同层次学生的最起码要求。

学校教育的最终目的是为国家培养栋梁之才，而人才选拔的首要途径是科举，在宋朝科举考试中，《孝经》通常是必考内容。科举必考《孝经》，意味着读书人如果不把儒家孝道伦理作为一门必修科目进行深入的学习和研究，就不可能获取功名从而步入仕途。在宋朝科举考试中，"孝廉"属于常设科目，宋朝知识分子通过科目考试步入仕途者屡见不鲜。如徐志道"事母以孝闻，绍兴间，以孝廉举官，至楚州团练使"；"项相，字汝弼，宋宁宗时举孝廉历官翰林学士"；余机"性至孝，嘉定中，举孝廉授江阴令"。以上这些通过举孝廉而入仕者，除自身的孝德素质合格外，还必须能顺利通过考核，具有一定的学识水平，才能顺利步入仕途。

但是，就整个宋朝的官吏选拔来看，不通过科举考试或不经考核而由朝廷直接授予孝子官职的现象，也是比较常见的。例如延州县民罗居通笃孝乡里，"壬午，以孝子罗居通为延州主簿"；龚明之"孝行节谊，著于乡间，诏特议旌录，参知政事钱良臣以闻，超授宣教郎"；孙宝著事母以至孝知名，"大观初，行部使者以闻，赐进士第，任杭、衢二州教授"。资州资阳县民支渐"丧母庐墓，至孝感天，范祖禹奏乞优与旌奖，以助孝治，诏以为资州助教"；郭重义以孝闻，"诏旌其闾，后奏名补官"；范仕衡"性至孝，特奏名，授钦州推官摄贰守，著廉能之誉"。以上这些国家选拔的官吏，不需要经过考试，而是由地方官员直接举荐报告，官吏本人的孝德孝行表现，是其被举荐推送的最重要原因。

此外，对已经跻身官场的在职官员，孝德品行突出者，也往往获得升迁。如申积中，"十九登进士第，事所养父母，尽孝终身，政和六年，以奉议郎判通顺军"；翰林学士许光凝"尝守成都，得其事荐诸朝，诏赴京师，擢提举永兴军学士"；张伯威，绍熙元年武举进士，调神泉县尉，母病，"伯威剔左臂肉食之，遂愈，事闻，诏伯威与升擢"。

孝德品行显著的人员可以获得特别或者越级的提拔升迁，反之，孝德缺陷、行为不孝的官员，则往往会受到罢官免职的行政处分。如"太常博士茹孝标不孝，匿母丧，坐废"；"工部侍郎毋守素免，坐居父昭裔丧纳妾"；"李定匿生母丧，不宜为御史，罢台事"。又如，王荣为侍卫马军都虞侯，"母老不迎养，供给甚薄，太宗闻而怒曰：忠臣出于孝子之门，荣事亲者若此，窜逐之余，凶行弗悛，岂可复置左右，效晋帝养成张彦泽邪？即诏罢……"。另据《宋史·刑法二》载："内殿崇班郑从易母、兄俱亡于岭外，岁余方知,请行服。神宗曰:父母在远,当朝夕为念。经时无安否之问,以至逾年不知存亡邪?特除名勒停。"上述朝廷官员或匿母丧不报,或父丧期间娶妾,或对父母赡养不力,以及母、兄死亡数年而不得知等行为,均是极大的不孝行为。按《宋刑统》条律,当受相关不孝刑法的惩处,朝廷处以"坐废"、"诏罢"、"除名勒停"等处罚,算是以官抵罪,用剥夺其政治前途的行政处罚取代刑律惩处。对某些初现端倪的官场不孝行为,一经发现,朝廷也会立即采取措施予以纠正。如建隆年间,宋太祖发现一些蜀郡官员长年不回家省亲甚至父母病疾也不解职回家探望,立即下诏予以制止:"丁丑,诏蜀郡敢有不省父母疾者罪之。"又如太平兴国年间,宋太宗发现某些来自偏远地区的官员,长期供职京师而不迎养父母,于是"下诏戒谕文武官,父母在剑南、陕路、漳泉、福建、岭南,皆令迎侍,敢有违者,御史台纠举以闻"。凡涉及官场人事安排如调职、转迁或临时差遣等,朝廷也往往因顾及官员尽孝的因素而对当事官员多有迁就。太宗淳化四年,"庚申,尚书左丞张齐贤出知定州,齐贤自言母孙氏年八十五,抱羸疾,不愿离左右。帝许之"。宋徽宗时期,姚任职吏部侍郎,"命镇蜀,用母老辞,迁工部尚书"。宋高宗绍兴年间,朝廷欲遣大臣使金,并确定参知政事席益为使者,但"席益以母老辞",拒绝受命,朝廷没办法只好另择使金人选。在这里,父母年老需要照料,成了在京官员拒绝调任地方或拒绝接受其他官职的最好借口和理由。事实上,对在职官员任期内赡养父母以尽孝的问题,宋朝统治者在官场人事安排上一直非常重视。《宋史·仁宗纪》天圣九年,"诏吏部铨:选人父母年八十以上者,权注近官"。父母年老不便离家随子迁转,于是就近任职,便于奉养照料以尽子孝。类似的规定如"选人祖父母、父母年老得家便官者,免更注";"父母年未及七十,便称年老无人侍养,乞折资注近官,法亦听许",等等,都是宋代官场人事制度对在职官员赡养父母尽孝的特殊政策照顾。

综上所述,儒家"以孝治天下"的伦理观念,在宋朝社会的许多方面已经演化成为非常具体的措施或颇具规范的制度化准则。宋朝统治者从"其为人也孝悌,而好犯上者鲜也"这一传统历史治民经验出发,大力倡孝弘孝,用孝道控制人民思想,从而达到维护巩固宋王朝的封建统治的目的。

历朝历代统治者从效忠的政治需要出发,不仅对臣子是否孝顺的道德品行十分重视,而且采取了非常具体的行政措施用来促进或提高朝廷官员的尽孝自觉性。这些涉及人臣之孝的施政措施,主要表现在如下两个方面:

1. 以孝选官,褒奖臣下孝德孝行。把儒孝伦理引入国家人事制度,以孝悌品行选拔和罢黜官吏,是历代封建王朝统治者强化臣子个人素质,褒奖臣子孝道的一个极其重要的制度化、体系化措施。以孝选官,发端于汉武帝元光元年。汉以后,特别是隋唐时期科举制产生后,以孝举人选官被纳入封建国家科举制度,发展为孝悌廉让、孝悌力田、孝廉方正等常设考试科目。唐、宋以降,士人经此类科目考试步入仕途者比比皆是。如阎朝隐,连中进士、孝悌廉让科,补武阳尉。由于此类孝悌科目选拔官吏严格按照科举标准考试,难免会有许多被推荐出来的优秀孝悌人才,因不能通过考试而最终与仕途无缘。这种情况在一定程度上有悖于国家弘扬孝治的基本精神。因此,在个别情况下,朝廷对推荐上来的孝悌人才,也会放宽考试或对某些科目放弃考试而最终录用。此类不需要通过考试而由君主特别关照的现象,反映出统治者对孝道品行卓著的人员,在管理选拔方面给予特殊对待。如果考生孝行突出,是名闻乡里的孝子,即便经义考试答非所问,也会放低标准予以录取。这样,考生本人的孝德品行便可弥补其理论考试的不足，成为其录取的重要参考依据。

除设立孝悌科举考试选官之外，不经科举途径，直接由朝廷下诏授予孝子官职或直接以举荐方式录用孝悌官员，也是中国古代以孝选官的常见现象。据《明会要》卷四十九《选举三》载，洪武六年，朱元璋诏令天下："罢科举，别令有司察举贤才，以德行为本，文艺次之。"这次罢废科举持续了大约十年时间，在此期间，以孝廉、孝悌力田名目推荐察举官吏，便成为明代以孝道选官的重要途径。据史料记载，明初官场通过孝悌察举不经考试而由布衣登大僚者，不胜枚举。对已经跻身官场的现任官员，其孝悌品行突出者，也往往获得升迁。

上述无论是以孝选官，还是在职官员因孝道突出而被提拔重用，都是朝廷在政治上对臣子孝道行为的极大鼓励和褒奖。在这里，个人孝悌品行变相成为一种政治砝码，慢慢演变成为一种实实在在的政治利益。而所有这一切，对弘扬官场孝悌之风，对提高整体官员的孝悌道德素养，无疑具有极大的推动和促进作用。

2. 以孝立法，惩治官场不孝行为。所谓以孝立法，主要表现为不孝入罪，即在立法思想上把不孝列为罪中重罪。对某些初现端倪的官场不孝行为，一经发现，朝廷立即采取措施予以纠正。需要指出的是，虽然除名、废职等行政手段是对不孝官员最为常见的处罚方式，但所有不孝入罪的刑律条文，同样有效实施于官场社会。并且，在某些情况下，最高统治者对不孝官员的刑法惩处，往往非常残酷。

对不孝官员实施严厉的行政处罚和法律惩处，是为了有效防范、遏制古代官吏的不孝犯罪，以维护统治者的正常统治秩序。由于"孝于亲者必忠于君"，因此，惩治官场不孝行为，最终目的是为了劝臣尽孝，移孝于忠，把各级官吏统统教化成为俯首帖耳、逆来顺受的忠顺之臣。

三　包青天的孝行孝道

"开封有个包青天，铁面无私辨忠奸！"这是中国老百姓耳熟能详乃至孩童们都能吟唱的一句歌词。这句歌词中描述的人物即是中国古代著名清官廉吏的代表——包拯。一提到"包公"，人们马上想到的就是驱邪扶正、清正廉明的"包青天"，一千多年来，他一直是老百姓心目中崇高的清官形象。从北宋直到今天，虽然世事无定、沧桑变幻，然而，人们对包公的怀念却是永远的。

包拯（999～1062），字希仁，庐州合肥（今安徽合肥）人，进士出身，累迁监察御史，授龙图阁大学士，历任知开封府、御史中丞、三司使等职；以清廉刚直、断狱英明著称于世，他为官一任，必造福一方，老百姓对他的政绩交口称赞、歌功颂德，但是贪官污吏却对他恨之入骨，欲将其除之而后快。包拯已然成为千百年来老百姓信奉的正义化身。只不过，在他作为清官的象征——包青天而被世代传颂的同时，很少有人了解到，在他冷峻严苛的外表下，跳动着一颗精纯诚挚的孝心。

根据《宋史·包拯传》记载，宋仁宗天圣五年，包拯二十八岁时，考中进士，朝廷任命他为大理寺评事，接着又任命他为建昌（今江西永修）知县，他都以"父母年老"为由，辞官不就。后来，朝廷鉴于他的特殊情况，又委派他去和州（今安徽和县）任监税官，因离家不远，可以方便尽孝。包拯上任后，发现父母坚持留在家中不肯随同他前往就任，他实在放心不下家中二老，因此立即就弃官不做，打道回府了（"得监和州税，父母又不欲行，拯即解官归养"）。几年后，父母相继去世，包拯在家守孝，三年期满，国家再次征召他做官，但他仍然辗转墓前，"徘徊不忍去"。最后,在家乡父老的屡次劝勉下,包拯方才离家赴天长县任知县,开始了他充满传奇的政治生涯。不过,此时的包拯已36岁,也就是说,为了向父母尽孝,他舍弃了八年的黄金宦途生涯。

当今社会,我们越来越发现和感知到亲情日益淡薄,人与人之间的交往和相处夹杂了太多的利益和功利因素,彼此之间最起码的信任和理解难以找寻。如今的我们听到包拯尽孝的故事,是否会让我们感觉格外感动和汗颜?我相信,没有人会怀疑包拯的孝行有丝毫的政治作秀和虚伪博名的成分,因此,他在尽孝和事业之间的抉择,对我们具有极大的启发性。《孝经》中说过,孝子对待父母,要做到五件事,第一件就是"居则致其敬",也就是说和父母生活在一起,要以恭敬为本。那么,什么才叫恭敬呢?恭敬并不是简单意义上的问安与叩首,也不是语气上的唯唯诺诺。恭敬,是一种"发自内心"的在乎和尊重,是一种难以割舍的血脉亲情。恭敬,是衡量儿女是否是孝子的最重要标准。我们也许能在父母年老时给他们提供大量的金钱,却未必肯花大量时间倾听他们的唠叨;我们也许可以在他们生病时将他们送进最好的医院,却未必能真正时刻惦记他们身体的恢复效果。孔子说过,"今之孝者,是谓能养。至于犬马,皆能有养;不敬,何以别乎?"如果我们对父母的孝顺,仅仅停留在物质和金钱的层面,这和豢养宠物是没有多大差别的。这并不是"孝",而是一种最低层次的饲养,是一种本能的回馈,是一种没有内涵的冷漠,因为它缺少了最关键的灵魂因素:恭敬。

恭敬,是因为恩重如山;恭敬,是因为无以为报。对父母能否具有真正的恭敬之心,检验着我们是否具有做人的基本良知和知恩图报的基本人格。对一个孝子来说,时刻将父母放在自己心上,为他们的晚年幸福而尽自己的最大努力,不需要你海阔天空的吹嘘，只需要你实实在在的简单关怀。"居则致其敬"，并不是说唯父母之命马首是瞻，而是在生活中，从恭敬父母开始，慢慢学会放下自己的私心，去做一个真正孝顺恭敬的人。

包拯之所以因"父母在，不远游"而多次拒绝赴任，甚至在父母均辞世后仍为父母守孝，期满犹不忍离去，将世人不择手段而巧取豪夺的功名利禄视若粪土，究其根源，就在于包拯心中有一种对于父母的真正"恭敬"。对他而言，孝敬父母远比名利、地位、金钱、权力、风光等都重要，为了一个"孝"字，他看淡了一切浮华名利，他很轻松地就舍弃掉了多少人梦寐以求的那些身外之物，这是包拯的孝行，同时也是包拯人生智慧和做人准则的完美体现。

铁面无私的青天大老爷——包拯以其令后人赞叹的孝行，穿越千年时空，向我们发出了振聋发聩的声音，那就是：孝，并非艰难之事，而是人之常情；子女为父母而作出一点牺牲，并不是值得大肆宣扬的政绩，而仅仅是每个人义不容辞的责任和义务。

当我们钦佩于包拯高尚的官德，也许不曾注意包拯还是个大孝子！他两次为了"尽孝"辞官不做，后一次还是在"里中父老"的久劝之下才勉为赴调，这不能不让人敬佩。这在当今的世人看来，可能会觉得包拯太迂腐，认为完全没必要做出这般牺牲，怎么能够为了"守孝"连自己的人生理想、生命价值都不去实现——"当官"呢？其实从这段记载中我们可以很明显地看出，包拯不是为了当官而去当官，他人生的最高价值追求不是清廉、公正博取民心的官名清誉，而是作为人必须遵守的"百善孝为先"和"仁、义、礼、智、信"的儒家伦理道德。明显的，后者的内涵包含了前者，前者只是后者在某一层面的具体体现。包拯只是在践行着最基本的伦理道德观念。包拯秉承了儒家的精神，在人生与仕途关系上处理得当明智，他深谙"生死由命，富贵在天"的道理，他不追求官运亨通，也不迫切地向更高的官位爬。国家需要他做官他就尽职尽责，不让做就无怨无悔地回家，既能在职责上积极有为，又能在仕途上展现出洒脱豁达。心正则无惧，所谓"无私无畏，无欲则刚"大概说的就是他对当官的态度。

其实无论是包拯的"以孝为官"，还是古人"选贤任能"的选拔原则，他们的社会基础都离不开一个重伦理、敦教化的文化背景，更离不开一个淳朴、清明的世风环境。说到底，就是人心向善的一面有没有得到充分的鼓励和激发。如果人心不古，世风日下，整个社会都忽视了伦理道德，那么还有什么样的事做不出来呢？

四　丁忧制度与选官

北宋时期，朝廷经常对高级官员实行夺情起复，使北宋的高级官员事实上处于不丁忧的状态。明代对高级官员的夺情几乎成为定制，有明一代，阁臣在任丁忧者共有19人次，其中被夺情者竟达11人次之多，他们是杨荣、胡广、黄淮、金幼孜、杨溥、江渊、王文、吕原、李贤、刘吉、张居正。其中，永乐至成化朝10人丁忧，全部夺情。清光绪八年（1882），直隶总督李鸿章丁母忧时，朝廷因他久在边疆镇守，承担负责的事务又非常繁杂，同时又一直训练直隶军队，时下又建立了北洋水师，管理各国通商事务等事，实在无人在短期内可以替代他的作用，于是催他服孝百日后，即行回任。李鸿章恳请开任守制，朝廷就搬出雍正、乾隆年间孙嘉淦、朱轼、嵇曾筠、于敏中及本朝曾国藩、胡林翼等守制的新旧之例，劝说李鸿章起复。光绪二十七年山东巡抚袁世凯理应守制，朝廷以山东地方流寇众多，只同意袁世凯休假百日在官衙穿孝，期满后改为署理，照常任事。袁世凯请假回籍时，朝廷又挽留他坐镇指挥，延期归葬。由此可见，唐末宋初以后，由于政府的强力干预，丁忧之制对高级官员而言，几乎流于形式。

与高级官员不同，历代朝廷对普通官员仍然有严格按照定制丁忧的要求。由于朝廷在丁忧制度上实行双重标准，使以孝治天下的法则被功利所左右，也就无法保持礼法的严肃性，因此，匿丧和恳求夺情之风逐渐在宋以后的官员尤其是普通官员中盛行。早在宋太宗时殿中侍御史张廓就曾指出："京朝官定父丧者，多因陈乞免持服。"仁宗时，夏竦官至知制诰，天禧年间坐事降知贵州，天圣初又被重用，而正当这时，其母去世，为了仕途发展，夏竦"潜至京师，求起复"。有些官员甚至利用宋代武官丁忧不解官的旧制，转换官职，从而逃避丁忧制度。明代尤其是永乐以后，夺情的官吏越来越多，其中不乏营求者。景泰二年九月，吏科给事中毛玉、礼部郎中章纶等奏："近者各处官司相习成风，或司府佐贰之官，或州县幕司之职，甚至办事官吏，一闻亲丧即行保举夺情。"如景泰四年五月，翰林院侍讲学士倪谦母死不丁忧，营求夺情。天顺七年，顺天府尹王福闻母丧，谄事中贵，诱挟属民穆以让等奏保，英宗特旨批准。清代这种营求夺请之风有愈演愈烈之势，"各省实缺候补各官，往往有丁忧逗留省城，营谋局务各项差使，延不回籍，竟至习为故常"。汪朝棨也奏道："近来外省道府州县各官及随营人员一经闻讣，百计营求为夺情之举。"同治八年，吏部议覆，军务肃清，丁忧人员均令回籍守制，但往往有实缺候补。很多官员丁忧后逗留在地方政府办理一些杂务，等到丁忧期满时，仅派家属回籍呈报到籍，并起复请文到省。又如俾寿所奏"近来京外各官，遇有丁忧事故，并不回籍守制，往往有夤缘堂官，稽留本处，藉词延缓，希冀差委"。既然朝廷为了军国大事，可以不顾礼法，强劝大臣在任守制或推迟归葬。那么普通官员为了保住官位，就敢于无视法制，故意拖延，不遵从丁忧制度。

通过营求获得朝廷的批准，从而合理合法地规避丁忧守制固然是上善之策，但对那些无权无势又经济实力的中下级官吏而言，做到这点并不容易。于是他们往往采取匿丧的手段来规避丁忧。

唐末宋初前后的古代官员对丁忧的态度之所以会发生这样大的变化，自然有各个王朝自身独特的政治经济因素，但是，如果细观之，就会发现丁忧制之所以在唐末宋初以后发生重大变化，最重要、最直接的原因就是我国古代官员的选拔任用制度的演变对官员丁忧态度的巨大影响。

宋朝以后由官吏选拔任用制度的变化所导致的官僚阶层结构的变化，对官员们丁忧态度的影响是十分巨大的。首先，丁忧三年对官员们来讲，损失的不仅仅是时间，还有数额不菲的俸禄。唐末宋初前的官僚阶层多来自豪门大族，其家资殷实，丁忧所造成的俸禄损失基本上不会对其产生太大的实质影响。而对于大批来自寒门士族的官员来说，三年的俸禄的确是一笔不小的数目，完全可以影响其丁忧的态度。其次，唐末宋初以前官员的升迁主要靠自己的门第和出身，任职时间的长短并不是其升迁的决定性因素，而对唐末宋初以后那些没有丰厚财力作支撑的寒门士族官员来说，资历恰恰成了升迁的主要因素。因此，三年不计入资历累计的丁忧时间对唐末宋初后的官员来讲就是一种巨大的损失，这种损失有时比三年的俸禄还巨大。所有这些官僚结构的变化都为唐末宋初后的官员们违反丁忧制度提供了巨大的可能性。事实上，如前所述，唐末宋初以后层出不穷的营求夺情和匿丧等现象已经证明这种可能已经变成了社会的现实现象。

养生送死，是为人子的基本义务，是孝道的最终体现。丁忧制度旨在通过士大夫服孝来宣传孝道，培养官员的忠诚之心，使忠、孝成为整个社会的共识。正因为如此，作为一个积极有为的政治家，明太祖朱元璋极为看重丁忧制度，在洪武初期就着手制定明代的丁忧制度。明制在继承唐宋之制的基础上，有一些重大的调整。第一，在对象上，明代丁忧制度只适用于文职官吏，其中包括举人、生员。丁忧官吏必须离职回家守制，期满后才能起复任官，此外夺情起复还需要经过特旨准允。生员举人丁忧者必须回籍守制，此期间生员不许赴乡试及提学官科、岁二试，举人丁忧者不许赴会试，其监生及儒士丁忧者亦不许赴试。第二，在服制与服期上，明代文职官吏丁忧守制都是三年，不计闰二十七月。此外，丁忧期间也应遵守相关的礼仪制度，如初丧三日不食；成服时始食粥；葬后许沐浴；卒哭时，疏食水饮，不食菜果，寝席枕木；小祥朝夕哭，始食菜果；大祥始饮酒食肉而复寝；不作佛事，等等。因丁忧要遵守这些礼法制度，守丧也叫守制。

封建国家制定丁忧制度的目的在于在整个社会范围内弘扬孝道，封建国家从中获取的是官员和百姓的忠诚，而官吏们却为此付出了巨大代价。按照经济学的说法，这可以叫服从成本。以下，将对这个服从成本做一个简单的估算和阐述，服从成本包括官吏丁忧守制时政治、经济、身体等方面的损失或不便。

1. 俸禄的损失。明代丁忧给俸制度开创于洪武时期。洪武十二年正月规定："凡丁忧官在任三年之上无赃犯者，依品级月与半俸，止于终制。在任三年者，亦依本品级全俸三月以养其廉，著为令。"同年八月，太常卿唐铎以母忧去官，特赐食半俸。洪武十七年，太祖对以前的制度略作修改，将俸禄的标准略微提高："凡文官居忧制，已在职五年廉勤无赃私过犯者，照品秩给半禄终制,在职三年者,给全禄三月。"明代一直沿用洪武十七年的俸禄标准,半俸制已是明代文官丁忧守制的一种惯例,而享受半俸的文官必须要满足任职五年的条件。这一标准对丁忧官吏,尤其对中下级官吏的经济利益影响非常大。同前代相比,明代官吏的俸禄薄。小官之俸都不足以养家糊口,常常需要向别人借贷,本来就微薄的俸禄,在丁忧期间只有平时俸禄的一半,有时候甚至分文没有。清廉的官员守制,很多时候都要面临生活困境的逼迫。如陆渊,居丧不出户限,家无宿储。成化初,秦州知州秦守制在家,三年间,家徒四壁,幸好有亲戚朋友的解囊相助,勉强坚持到服孝期满。温饱问题难以解决,无法养家糊口,维护可怜的清誉之名就很容易的成为最脆弱的东西。明代官员面对微薄不足以糊口的俸禄,就难免对人民盘剥,用灰色收入来弥补俸禄的不足。可以说,丁忧官吏俸禄损失往往是双重的。

2. 仕途的蹉跎。资格是明代选拔任用官吏的重要因素。资格一般可分出身与资历。出身指选人以何种途径入仕(如考试、门荫、捐纳和吏员等),资历则是为官履历,包括品、级、年、次,关系官员将来的升迁。丁忧影响到资历中年限的累积。任期满后,才有机会可能升迁,因此累积在职的时间就显得非常必要了。而丁忧的时间都要扣除在外,不能被累积加入年限。按照一般的情况,官吏一生可能遇到少则一两次,多则三四次的丁忧,为此而被扣除的年限足够官员升迁两级。不仅如此,丁忧对仕途的影响还有其他方面。如因丁忧而推迟做官,又如,岁数大的官员因丁忧而不得补选。对于一般中下级官吏,六十甚至五十岁,一旦因丁忧导致仕途中断,再想入职就非常困难了。此外还会因为丁忧而错过升迁的机会。总之,丁忧对仕途的影响是多方面的,这个因素不能忽视。

3. 复职的困境。丁忧的官吏与其他官吏会一起等待补缺,补缺的前提是必须要有缺职。明代中期以后，官缺很少，无法补缺成为不容忽视的问题。而功名利禄，人之所欲，谁人不趋之若鹜。于是，求缺、求好的职位便是他们的最大心愿。明人陈玉辉也说："居官者辄求善地，至若瘠土疲民则郁郁不乐。"在官缺难求的情势下，丁忧官的起复可能要付出巨大的代价。官缺难求造成的另一个后果是遥遥无期的候补。京师之地，人员众多，漫长的等待意味着花销的巨大。还有，丁忧回籍、除补赴任的路费开支是不可忽略的。明代任官实行地域回避，一般异地为官。丁忧回籍、除补赴任的来回路程多是千里万里，舟车劳顿、风餐露宿的辛苦且不说，旅费花销也不是每个人都能承担得起的。结果就造成学官、仓官、驿官等微小官吏，家庭贫寒，一旦任命到离家很远的地方做官，就有很多官员宁愿放弃官职也不去赴任，或者赴任后不再回家了。在这种情形下，匿丧成为低级文官不得不为之举。

第七章　明清时期的以孝选官

一　明朝的孝文化

纵观历史，明朝的孝道有四个鲜明的特点：一是将明代对女子《孝经》的教育成为一种文化现象。众所周知，明朝是一个专制集权发展到顶峰的王朝，但同时也是一个非常重视人民道德教育的时代。在中国历史上，受教育权一直是男人才能享有的特权，所谓女子无才便是德。但在明朝，女子接受《孝经》教育却成为一种文化现象。其实在正史中，早在西汉，便有匡衡主张向女子推行《孝经》的先例。王安石变法使《孝经》成为幼学启蒙读物。明朝沿用宋朝旧制，加强对女子的《孝经》教育，或父母耳濡目染的教育，或专门聘请教官讲师来教授女教。这些接受过《孝经》教育的女子，在日后的家庭生活中便言传身教，从小教育自己的子女遵守孝道。如此发展下去，女性的《孝经》教育便形成了自己的规模和体系。明史也因此出现了一个非常奇特的现象——孝道教育中愚忠愚孝成风，但是女性孝道教育却成为一种特殊的文化现象。女性接受《孝经》教育，对明朝社会的发展起到非常重要的作用：首先是推动了孝道观念的确立，女性大多孝敬公婆、与姊妹兄弟和睦相处，使家庭圆满和美；其次是提高了女性的文化素质，造就了品端行正的贤妻良母，端正崇高的品行，为夫妻和谐、家庭和睦提供了最基本的保障。她们运用自己所接受和领会的孝道观念,在家庭中相夫教子,对丈夫的成功、儿女的成才倾注了极大心血,对稳定社会秩序、提高社会整体素质起到了积极的作用。特别是一些年轻时就不幸守寡的女性们,她们将自己对《孝经》和儒家伦理道德的理解,转化为她们守节奉孝、养育子女的精神动力和治家本领,她们既含辛茹苦地拉扯儿女,同时也不放弃对子女的孝道教育。明代许多名臣名儒,都曾经得益于这样的慈母教导。著名清官海瑞的母亲便是其中典型的事例,海瑞的父亲在其三岁的时候便去世了,他的母亲是个知书达理、粗通《孝经》的女子,她放弃了改嫁的想法,一门心思要把海瑞培养成人,她教导海瑞如何做个清廉刚正的好官,如何做一个堂堂正正的男子汉,她用历史上放荡不孝的人物作为反面教材来时刻提醒海瑞不要做那样的人,终于,海瑞成为明史上著名的清官廉吏,其三次罢官的事迹也使其流芳百世。明朝前后共存在277年,除了明末的李自成起义,在270多年里基本上没有出现类似王莽篡权这样的重大变革,其中明朝对女子《孝经》的教育起到不可忽视的作用。

二是将孝道赋予神秘意义。将孝道赋予神秘意义是明朝另外一个非常显著的特点。儒家经典一直在大力宣扬"慎终追远"(即春秋祭祀)、"父母在,不远游"等孝道文化。但是在明朝,传统的行孝之道却面临着前所未有的挑战。众所周知,虽然包括明朝在内,历朝历代奉行重农抑商的政策,但是十四世纪的明朝,仍然出现了资本主义萌芽。数量巨大的商人阶级,常年在外忙于生意,或奔波于路途,或长久居留在异地,少有时间能陪在父母身旁,有的甚至在外数年都不回家看看。儒家推崇的孝道文化在商人群体面前显得无能为力,便转而通过神学的观点来应对这种行孝之道的历史要求。儒学将行孝和天地、鬼神、福祸等联系起来,宣扬行孝之人必能获得天地鬼神的偏爱,所遇到的一切灾难都能被化解。这种神学化的孝道认为：行孝之人，除了本人能得到善报，就连列祖列宗甚至在六道中受煎熬的饿鬼穷魂、父母的疾病痛苦等，都能因为孝子的行孝而得到解脱。行孝的好处还不止于此，还可以"生集百福，死到仙班，万事如意，子孙荣昌，世系绵延"，反之，不孝则必受天谴。"不孝之子，天地不容，雷霆怒殁，摩煞祸侵"，不孝罪莫大焉，必会遭致天怒人怨，为天地所不容，必将遭受最为严厉的惩罚。正因这样，后世不少学者认为，明朝的忠孝之风事实上都是愚忠愚孝。但是，尽管如此，儒家经典对这种由社会发展带来的行孝问题的处理方法，仍然成为明朝社会孝道的一大特色。对于这些封建孝道文化，我们需要认真思索和评判。

明太祖朱元璋是中国历史上以农民出身取得政权的皇帝之一。站在历史的角度来说，朱元璋在孝道文化的推广方面做得还是非常不错的。主要体现在他对朱家先祖陵寝的建造和对孝道的推崇两方面。甫一登基，他为了向全国人民表现自己的孝道与天子无上崇高的地位，随即为朱氏先祖高祖父母辈以下的先人大造陵墓。首先建造的是他父母双亲的墓。他尊称父亲为"淳皇帝"，庙号"仁祖"，母亲就是"淳皇后"，定墓号为"皇陵"。其实，在朱元璋登基前还是吴王的时候，他就对父母的坟墓进行了修建。洪武八年，他再次征集民工历时5年才最终完成父母陵寝的重修。此后朱元璋又下诏在泗州为祖父母修建陵寝，陵号"祖陵"。并令方士以招魂法，将死在江苏句容的高祖父、曾祖父的灵魂招至此陵合葬。祖陵于洪武二十二年（1389）竣工，历时5年。泗州也因此从无名小镇成为明王朝的龙脉所在。朱元璋还派遣军队长期驻守其皇陵和祖陵。通过这些措施，他成为老百姓孝道的楷模，他也自称"孝子皇帝"。另外，朱元璋推崇孝道，颁布《慈孝录》，重新采用举孝廉制度，以致"由布衣而登大僚者不可胜数"，甚至在其驾崩前也不忘颁布遗诏要求继续推崇孝道。在朱元璋的大力倡导下，对孝道文化和行为的褒扬一直伴随明王朝统治的始终。翻阅史籍，有明一代共有16位正史皇帝，其中有11位的谥号中都带有"孝"字，虽然在数量上不如汉朝带"孝"字的皇帝多，但是在历史上也是不多见的。朱元璋还提出臣民行孝的行为规范：孝顺父母，恭敬长辈，和睦乡里，教化子孙，各安生计。这一行孝的圣谕随后便颁令全国强制实施。南京的明孝陵，据说是因为马皇后死后，谥号"孝慈"，葬于此，故叫"孝陵"。但是也有专家根据朱元璋推崇"以孝治天下"，认为孝陵以孝命名肇始于此，可以说孝陵是明朝崇尚孝道文化的一个缩影。明朝孝道文化在整个中华历史上的地位十分重要，而朱元璋作为一代帝王在行孝过程中展现出来的虔诚的确符合他自称的"孝子皇帝"的称号。

三是明代对尽孝义务的严格规定。由于南宋理学中许多理论非常符合封建王朝的统治需要，因此明清两朝对南宋的理学都是十分推崇的。理学中提出的"君要臣死，臣不敢不死，父要子亡，子不得不亡"是孝道走向极端化、专制化的直接理论根源。封建王朝的君主为了树立权威，加强对人民的思想统治，必须要建立一套对他们有利的理论体系，因此，将尽孝行为法制化是政府在提倡"孝义"时必须要达到的一个目的。

在家庭关系中，受传统封建伦理观念及教育的影响，孝道文化在发展实践过程中逐渐向着专制的方向发展。家族的管理普遍采用长者为尊、强制推行的原则和方式来进行，即由家族的某个或几个长者组成的机构来行使职权，管理家族内人们的行为，甚至将家族中的子女晚辈作为自己的私有财产来看待和处理。晚辈必须对长辈的话言听计从，如若违背或顶撞就会被视为不孝。特别是"父为子纲，子为父孝"理论的提出，直接将父子关系定义为统治和被统治的关系，这就严重地压抑了家族成员的许多行为，一些不合理的规定就变成了家族极端专制的典型表现。明朝的家训族规不可避免的都会有孝敬父母这一条，其中规定孝的根本内容就是要求子孙对父母祖辈的指令完全听命和服从。如乌程温氏家训说："凡子弟，每事一禀于所尊，便是孝悌。"明代《家训》都强调家长要实行严厉的专制管理，还把宋代理学家罗从彦的"天下无不是的父母"定为家庭生活的基本准则。封建伦理道德把孝道义务在某些方面直接定义为不分是非曲直的绝对听命和盲从，实质上就是要求子女完全服从长辈的统治。在这个意义上来说，"父为子纲、子为父孝"就是一种戴着伪善面具的统治与被统治、压迫与被压迫的关系。明末的魏禧甚至说："父母即欲以非礼杀子，子不当怨，盖我本无身，因父母而后有，杀之，不过与未生一样。"这种言论是专制主义中央集权体制的衍生产物，君主专制必然要求父权专制，因为父权是君权的基础。这样"父为子纲"便发展成"父叫子亡，子不得不亡"。

明朝对丧葬礼仪的规定可以说是孝道极端化的最直接体现，明朝对皇帝、后妃、宗室、大臣、士庶人的丧礼都有明确规定，是任何人都不能违背的，如果不能按照标准完成就会被定为不孝，而如果丧礼过分逾越又会被定为逾制，这其中的专制性体现得淋漓尽致。《明史·志三十六》中的记载："古之丧礼，以哀戚为本，治丧之具，称家有无。近代以来，富者奢僭犯分，力不足者称贷财物，夸耀殡送，及有惑于风水，停柩经年，不行安葬。宜令中书省臣集议定制，颁行遵守，违者论罪。"而又曾出现"古有掩骼埋胔之令，近世狃元俗，死者或以火焚，而投其骨于水。伤恩败俗，莫此为甚"。从上面这两段几乎自相矛盾的话可以看出丧礼规定中政府专制的惯有思维，简单的理解就是政府认为什么是合理的，人民才能去做，还必须严格遵照政府的要求去做，反之，政府认为是不合理的，人民就不能去做，这严重束缚和桎梏了人民的思想。

正是由于孝道伦理观念中的糟粕对人民的身心造成极大的摧残，在明朝有许多思想家对君臣、父子的这种专制强权纲常礼教，给予了极大的批判。王夫之针对理学家"天下无不是的父母"的说教，提出了"不仁者不可以为父母"的命题，强调了父母与子女关系的相对性，强有力地批判了"父为子纲"的愚孝观念。

明朝时期孝道专制化的表现还有很多，如"婚姻大事父母之命"等，其实所有这些都是封建统治者从强制百姓对自己绝对服从的政治统治需要的目的提出和倡导的，具有典型的封建专制主义意味，从某种意义上来说，明朝孝道的专制化是对前朝的一种继承性的表现。

四是明朝孝道行为的愚昧化。由于孝道观念强制性的教化和压迫式教育，使民众在日常生活中就表现出一系列过激的、愚昧的孝行。可以说孝道行为的愚昧化是封建孝道走向极端化的直接产物，在宋朝时期封建国家对许多愚昧的孝行进行表彰的事例对明朝有很大的引导作用。《宋史·孝义传序》记载："太祖、太宗以来，子有复父仇而杀人者，壮而释之；刲骨割肝，咸见褒赏。"这两种严重影响社会稳定并对个人身心造成严重伤害的愚孝行为在宋朝竟然得到政府的大力宣扬和褒奖，这在当今社会是难以想象的。

在明朝初年，这种割股、挖肝的歪风邪气曾退出历史舞台一段时间。因为这种愚孝行为，当事人轻则致残，重则丧命，如果不及时刹住这种歪风邪气，将不利于封建国家的统治。如"山东守臣言：日照民江伯儿，母疾，割肋肉以疗，不愈。祷岱岳神，母疾瘳，愿杀子以祀。已果瘳，竟杀其三岁儿"。当地官员还按旧例上报朝廷请求嘉奖。朱元璋得奏后勃然大怒，不仅没有分文的奖赏，还判决杖一百，发配海南。朱元璋通过礼部官员制谕："卧冰、割股，上古未闻……皆由愚昧之徒，尚诡异，骇愚俗，希旌表，规避里徭。割股不已，至于割肝，割肝不已，至于杀子,违道伤生,莫此为甚。自今父母有疾……而卧冰割股,亦听其所为,不在旌表例。"

但是需要指出的是,由于封建家长制的存在,封建国家各级官府仍极力鼓吹封建孝道。所以,明嘉靖、永乐时,仍有因割股、割臂为父母治病而得到封建国家嘉奖赏赐的事例。这是处于封建社会末期的统治阶级妄图通过强化封建礼制来维护其统治秩序的不得已政策。由于当时政府以各种物质或精神奖励作诱饵,使得各地出现了很多割股疗亲等不符合人伦的怪相。如"崔璘,因护母而杀人,'下刑部谳',刑部尚书却认为'璘志在救母'故其杀人罪难拘常律,主张宽贷"。而随着这种孝义行为被社会舆论渲染为美德后,人们就互相攀比,处处标榜自己更为孝顺,于是使得孝道行为向畸形化发展,催生了更多愚昧、残忍的行为。如有的人为了疗父母之疾而自残肢体,也有的人为疗母疾,竟然杀子祀神;更有甚者,有的人为了尽孝道,竟为父母殉葬。明英宗时的周路,便是这么一位孝子,当他"闻父死,恸哭奔归",到家后竟"以头触庭槐"而死。

由于有明一代许多统治者对愚孝的行为持赞成的态度,加之民间百姓对有愚孝行为的人也往往给予赞许的评判,因此,民间愚孝的例子非常之多。还有很多人想寻求朝廷的旌表或者逃脱徭役赋税,也会做出愚孝的行动,给当时的社会造成极其恶劣的影响。

那么,对于明朝的孝文化,我们应该如何正确评价和认识呢?

(一) 明代孝道文化的积极作用

1. 孝道有维护社会秩序的功能。宗族是中国封建社会的最基础结构。可以说,一个宗族就是一个缩微的社会,而家庭又是这个小社会中的微小细胞,家庭承担了许多社会功能,孝道文化有助于促进家庭的和睦与稳定。由于宗族关系的天然纽带作用,家庭的安定、家族的和谐才能最终保证封建秩序的稳定。这也就能解释统治者为什么大力弘扬和褒奖孝道行为的原因,即"夫孝,置之而塞乎天地,溥之而横乎四海,施诸后世而无朝夕,推而放诸东海而准,推而放诸西海而准,推而放诸南海而准,推而放诸北海而准"。同前朝历代统治者一样,明朝的统治者们也试图通过子女尽孝的行为来稳定家庭关系,使其始终保持相对稳定,不至于发生社会动荡,使臣民绝对效忠和服从于国君,最终形成尊卑上下严格有序的封建等级秩序。

同时,孝道对于社会各阶层来说,其含义存在着较大的差别。皇帝号称天子,地位和权力在等级中位于最高层,但是也必须遵从孝悌之行,也必须尊重父母,以孝治天下,才能"德教加于百姓,刑于四海"。《孝经》中对天子、诸侯、卿大夫、士及庶民尽孝的内容都有详细规定。明代朱元璋以身作则为其臣民作出了很好的"孝义"表率,使明朝社会中的孝道文化盛行。《诗》云:"自西自东,自南自北,无思不服,此之谓也。"因此,行孝范围的扩大能涵盖社会秩序的方方面面。孝的内容和要求,在此时实际上早已远远超出了家庭义务的范畴。

由于统治阶级大力提倡和弘扬孝道行为,在社会上出现了许多积德行善的行为,百姓之间形成了互帮互助的风气,有利于维护整个封建制度的稳定。孔子云:"弟子入则孝,出则悌,谨而言,泛爱众,而亲仁。"可见整个儒家思想是将"孝"与"仁"紧密结合起来的,"孝"的行为是主要针对家庭成员的,而"仁"则主要针对社会的,由此可见人们在接受良好的"孝悌"行为教育同时,也接受了"仁义"教育。这个风气不仅有助于在家庭中实现尊老爱幼,在社会上也会形成良好的氛围。据《孝经》中载:"爱亲者,不敢恶与人;敬亲者,不敢慢于人。"就是这种教育行为的最有力的证明。明朝有名的孝义家族郑氏的家规中就明确规定："既仕，不奉公勤政，蹈贪黩，忝家法；任满，过于留恋，恃贵自尊，骄宗族。"这些都被视为不孝的行为。可见在明朝这种"孝悌"行为的社会功能在明朝已经发挥了非常重要的作用。《明史·孝义传》中就有关于对社会做出贡献的人的记载就是"义赈"的行为，在发生灾害时，很多人积极踊跃地捐助赈灾，其中不乏有人是为博取功名清誉，但其背后也必然具有相当高的道德水准。这些都是"孝义"教育的直接结果。

在中国古代，历代王朝都是将"忠"作为"孝"的更高层次的表现来看待的，普遍观点认为只有真正"孝悌"的人才能为国、为君效忠，这也是封建君主进行"以孝治天下"的根本原因所在。因此，孝的教育不仅对维护纲常伦理具有重要作用，在培养百姓的爱国主义教育方面也具有显著的作用。明朝抗清英雄夏完淳被时人称为孝子，王弘特别为其做《夏孝子传》以纪念和表彰他崇高的爱国主义精神，而将其定义为"孝子"，突出体现出在明朝"忠"与"孝"的联系是相当紧密的。

从上面的事例分析中，我们不难看出，在明朝"孝义"的行为不仅影响到社会的最小单位——家庭的伦理纲常，而且对于整个社会的伦理道德、忠君爱国，以及对我们后人所推崇的爱国主义精神的形成都有着深远的意义。

2. 孝道的社会文化功能。明朝孝道文化的提倡不仅促进了社会稳定有序的发展，同时也丰富完善了明朝社会文化的发展。

（1）形成重视家庭孝道教育的优良传统："父慈子孝"是基本的伦理道德，子女对父母尽孝的同时还要求父母对子女进行伦理道德教育。孝悌忠义、敦宗睦族是传统家庭教化中的一个重要内容。正如前面所提及的家规、家训的制定，都突出强调对子女孝义道德的教育。明人庞尚鹏的《庞氏家训》更把"勤俭"与"孝友"四字奉为做人做事的第一要义。明清之际的学者孙奇逢更道出了孝悌的重要性，他认为父子兄弟团结就会家业兴旺，反之则会导致家道衰败，在这里强调了家庭孝道教育的重要意义。他在《孝友堂家训》中写道"父父子子，兄兄弟弟，元气固结而家道隆昌，此不必卜之气数也。父不父，子不子，兄不兄，弟不弟，人人凌竟，各怀所私，其家之败也，可立而待，亦不必卜之气数也。"同时，人与人之间的相互影响对于形成良好的社会风气有潜移默化的作用，尤其是作为长辈更要以身作则，用自己的言行教育和影响下一代。"孝"作为伦理道德之根本，已然成了家庭伦理教化的核心内容。

（2）对文学艺术、社会生活的影响。传统的忠孝仁义伦理道德逐渐渗入民间，对当时的文学艺术和人们的社会生活产生了深远的影响。《乐记》载："乐也者，圣人之所以乐也，而可以善民心，其感人深，其移风易俗，故先王著其教也。"就是说，音乐可以起到促进人性中善的因素的发扬和移风易俗的作用。封建统治者当然明白这个道理，所以把它作为教化人民的一个重要工具。因此，我们可以说，能有效地对民众的伦理价值观起向导作用的有乡间戏曲，包括各种地方戏、说唱艺术等。通过戏剧故事来向人们宣扬忠孝节义、因果报应等，在无形中强化了乡民的伦理道德观念。同时，佛、道两教对传统的孝义伦理道德也进行了吸纳和融合。从佛教汉化过程中的孝化内容，我们可以看出孝在中国文化史上的重要性和影响的广泛性。智旭是明代的四大圣僧之一，他的《灵峰宗论》收集了《孝说》、《广孝序》、《题至孝回春传》等有关孝的文章，并强调"孝名为戒"。佛教顺应历史趋势，不断向宣扬孝文化的方向发展，佛教才能在中国扎根，成为中国文化宝库中的一颗璀璨明珠。

中国孝道文化的发展在明朝的社会生活和习俗等方面也体现得非常明显。中国传统的房屋设计中处处体现着儒家孝道关于宗族群居、长幼有序、尊祖敬宗的伦理精神。作为元、明、清三代王朝的皇城北京最有特色的建筑四合院就是这种文化的杰出代表。明朝人的婚礼、丧礼、寿礼更是民间孝道的最直接体现。总之，孝道观念在老百姓的衣食住行、丧葬礼仪、生活风俗以及市民生活的文学记载中表现得淋漓尽致，在中国文化中的影响广泛深远。

（二）明朝孝道文化的消极作用

养老送终对于子女来说，无论是感情层面还是道德层面，都是一种不容推脱的责任，孝亲敬祖、知恩图报是家庭道德的具体表现。但是，在具体实施的过程中却悄然发生着变化，"久丧厚葬"的风气就是其中的典型表现。

1. 久丧厚葬，蔚然成风。《孝经·丧亲》说："孝子之丧亲也，哭不偯，礼无容，言不文，服美不安，闻乐不乐，食旨不甘，此哀戚之情也。"又说："生事爱敬，死事哀戚，生民之本尽矣，死生之义备矣，孝子之事亲终矣。"父母丧之时，子女要有哀戚之情，要"为之棺椁衣衾而举之，陈其簠簋祭器而哀戚之，擗踊哭泣，哀以送之；卜其宅兆，而安措之；为之宗庙，以鬼享之；春秋祭祀，以时思之。"国家法制规定的三年再加上子女为父母守丧的三年，孝期竟然长达六年，这就是封建统治者所大力提倡的久葬厚丧。由于统治者对孝道的极力宣扬，无形中助长了明朝的厚葬之风。在明朝，这一方面不仅体现在陵墓建造规模的宏伟奢华，还体现在丧葬仪式的繁琐隆重，服丧守丧规定的严格等方面。

明朝统治者十分注重陵墓的建造，众所周知，明代16位皇帝中，除建文帝朱允炆因"靖难之役"下落不明，没有留下陵墓外，其余十五帝或生前或死后均建有陵墓并保存至今。明十三陵，不仅保存完整而且规模之大世所罕见。其中，明朝第三位皇帝成祖朱棣和皇后徐氏的合葬陵寝——长陵，其陵墓建筑占地约

12万平方米，气势恢宏、结构精巧，并有大量的殉葬品，奢华至极。其中，在第一座被发掘的明朝皇帝的陵墓——定陵中出土的珍贵文物达三千多件，其中有绚丽多彩的织品、服装，小巧的镶宝金制首饰，还有许多珍贵的金银玉器、瓷器等。

此外，明朝政府对官员墓地的占地规模、坟高及墓碑的形制也有具体的规定，而且对随葬物品也有严格的规定。官位越高，占地规模越大，墓碑越高。如"一品官墓地为九十方步，二品为八十方步，三品为七十方步，四品为六十方步，五品为五十方步，六品为四十方步，七品以下为三十方步。同样，坟高也尊卑有别，一品为十八尺，二品为十六尺，依次递减类推，七品以下为六尺"。墓碑的制作也能直接标明墓主身份的高低贵贱，其中上层阶级的墓碑建造极其奢华，最高级的墓碑能高达1丈6尺，由此可见当时明朝丧葬的奢华。明朝皇帝为彰显孝道，不仅为已故的父母建造皇陵，而且许多皇帝生前就为自己建造陵墓，其中孝陵、长陵都建于皇帝生前。当时民间百姓亦十分重视身后之事，当时在程朱理学盛行的徽州，丧葬被视为人生大事。人们对身后之事的重视，从婚嫁时置棺木作为嫁妆，到五六十岁即提前准备后事的例子中可以看出来，所谓"六十不办前程，死倒别怪儿孙"。因此老百姓到五六十岁时，便开始为自己的身后之事忙碌了，预定棺材，请风水先生选取风水宝地作为"未来"居留之所。

明代不仅实行厚葬，丧葬礼仪也极为隆重甚至过于繁杂。对于吊唁、送葬、祭礼等方面有着严格细致的规定，以此进一步体现对长者的孝顺和尊敬。在《明史·志》中详细记述了明成祖丧葬仪式之繁缛，"礼部定丧礼，宫中自皇太子以下及诸王、公主，成服日为始，斩衰三年，二十七月除。服内停音乐、嫁娶、祭礼，止停百日。文武官闻丧之明日，诣思善门外哭，五拜三叩头，宿本署，不饮酒食肉。四日衰服，朝夕哭临三日，又朝临十日。衰服二十七日。凡入朝及视事，白布裹纱帽、垂带、素服、腰绖、麻鞋。退朝衰服，二十七日外，素服、乌纱帽、黑角带，二十七月而除。"

此外，在明朝社会中仍有归葬的风俗，如果父母亡于异地，子女必须去迎丧，往往长途跋涉，十分艰辛。如"刘镐，江西龙泉人。父允中，洪武五年举人，官凭祥巡检，卒于任。镐以道远家贫，不能返柩，居常悲泣。父友怜之，言于广西监司，聘为临桂训导。寻假公事赴凭祥，莫知葬处。镐昼夜环哭，一苍头故从其父，已转入交址。忽暮至，若有凭之者，因得冢所在。刺血验之良是，乃负归葬。"

明朝对于服丧守丧也制定了极为严格的规定。历朝历代都准许官员离职告假回家奔丧，以彰显其孝道。明太祖朱元璋以孝著称，更为看重这一点。洪武八年三月，诏百官闻父母丧，不待报批，许即去官而奔赴。后来，孝风大振，为官离职奔丧、辞官守制者甚众，于是有碍政事。因此，于洪武二十三年再令："今后，除父母及祖父母承重者丁忧外，其余期丧，不许奔赴，但遣人致祭。"在地方上"久葬厚丧"也被看成是炫耀孝行的一种表现。朱元璋在洪武五年的诏令中就说："近代以来，富者奢僭犯分，力不足者称贷财物，夸耀殡送。"在江浙地区就常常是"不惜资财，以供杂祀广会，以沽儿童妇女之称誉。"在杭州曾有富商王某，"举父丧，丧仪繁盛，至倩（请）优侏绚装前导，识者叹之。"这种情况对于陕西人来说也同样并不逊色，他们往往"以各色纸，结金银山、斗层楼，驼、狮、马、象及幢幡帛联，干作佛事斋醮，名曰同坛。富贵家更张戏乐走马上竿，亲执挂帐，猪羊油食桌动辄数十，丧家破产、往往有之。"其实，丧礼只是一种表达悲哀情感的方式和途径，完全没有必要太注重形式，这样会造成铺张浪费，即"丧礼，与其哀不足而礼有余，不若礼不足而哀有余也。"厚葬消耗了大量的社会财富，既不利于死者，也有损于生者，因此，这种铺张浪费的形式主义对当时的社会产生了极坏影响。

2. 盲目听从，愚忠愚孝。中华民族优良传统中的孝道一旦被封建专制统治者利用，人们就不再照章办事，而是按尊卑、长幼、贵贱来排序。在这种被扭曲的伦理观念的指导下，"君叫臣死，臣不死谓之不忠；父叫子亡，子不亡谓之不孝"的愚忠愚孝的行为不断出现。从前所述，"孝"的含义已经发生了变化，不再是单纯儒家经典中的"善事父母为孝"，而进一步发展为不能违背家长的各种规定，不许在思想上与家长规定的不一致，必须严格按照父母的指示行事，而且父母的教导时刻牢记在心，时时按父母之命谨慎行事，即使家长错了，子女也必须服从，不许有丝毫的悖逆，否则就是触犯封建礼制，就是大逆不道，就会被视为不孝之子受到家法的严厉处置，这种腐朽的观念贯穿于每个人的终身教育中，使得子女的独立精神与独立人格的培养受到极大影响。

从明朝的很多史料中我们可以很轻易地看出，深受扭曲的愚孝观念的影响，明朝出现了很多割股、割肝的愚孝行为。这不仅造成尽孝者本人的身心创伤，更重要的是当这些愚孝行为得到朝廷与官府的嘉奖和褒扬后，使当时的人们形成了一股相互效仿、攀比的恶劣风气，对社会造成了极坏的影响。孝的基本含义是敬养父母，但是那些通过割股、割肝、卧冰等自残甚至自杀的行为来尽孝，其结果只能使尽孝者变成残疾，这样的人如何来侍奉和赡养父母呢？同时，这些残忍的行为与"身体发肤，受之父母，不敢自伤"的传统观念是完全相违的。对于那些自杀殉父、杀子祀神的行为更是直接违背了"不孝有三，无后为大"的传统孝道。明朝随着专制主义中央集权的加强和父权主义的不断强化，臣民对国君、父母的孝道也逐渐演变成对父母的不论是非的绝对顺从。这其中蕴含的愚孝行为一旦被整个社会视为美德后，就会引来很多人竞相效仿，其结果只能导致愚孝行为愈演愈烈，严重扰乱正常的伦理秩序。同时由于明朝孝道文化的这种畸形发展，也导致当时许多礼仪制度在某种程度变态化。例如在为长辈举行祝寿庆贺活动的同时，为体现儿女的孝道之心，大肆攀比，大摆宴席，造成了很多不必要的浪费。

对待我国古代传统的伦理道德，必须正确区分和对待。孝道文化作为家庭伦理规范的重要组成部分，起着维系家庭凝聚力的作用，我们可以从明朝孝道文化中汲取感恩、敬爱、赡养等合理的养分。倡导孝敬父母，这是社会生活所必需的，是培养人文意识的重要途径，有助于人们尽孝意识的培养，也有助于抵制自私自利思想的疯狂蔓延，还有助于整个社会树立良好的养老敬老的社会道德风尚。但是，我们首先必须坚决摒弃传统文化中的愚忠愚孝、铺张浪费的封建糟粕。正确借鉴和发扬古代流传下来的优秀道德文化，对于我们当今和谐社会的建设有着积极的作用。

二　明清时期孝文化的发展

孝道文化是儒家伦理思想的重要组成部分，周予同先生曾经指出："孝的产生正是导源于先民的生殖崇拜和祖先崇拜。"也就是说，在原始社会中我们的先祖就形成了崇拜和敬畏祖先的观念。到了春秋时期，由于过去的鬼神观和天命观受到圣人们的怀疑和批判，因此崇拜祖先的宗教观念和宗教仪式已经不再是孝德的主要内容，取而代之的是对父母的生孝、死葬、祭祀等具体活动的实践。孔子主张"葬之以礼，祭之以礼"，不仅指要从物质上赡养父母，还要从精神上对父母要恭敬。但传统社会在忠即是孝观念的支配下，孝道文化在一定意义上变成了培养民众忠于君主、顺从皇权的一种工具。尤其是在宋明时期封建理学的极力推崇下，国家更加注重对孝道行为的大肆宣扬和褒奖。

孝道作为人之常情，在传统社会却往往成为君主控制臣民的一种方法。明朝大儒方孝孺曾说："圣人之治人，以常人之情为中制。"洪武四年二月，朱元璋申明："人情莫不爱其亲，必使之得尽其孝。一人孝而众人皆趋于孝，此风化之本也。故圣人之于天下，必本人情而为治。"因此，利用孝道来加强对民众的教化便成为朱元璋治理国家的重要手段。为此，他还制定了一系列的奖励措施："诏举孝弟力田者，升以显秩。又令正官与耆民以礼遣孝廉之士至京师。其百官闻父母丧者，不待报许即去官。"同时还从精神上给予奖励："国初凡有孝行节义为乡里所推重者，据各地方申报风宪官核实奏闻，即与旌表。"在各种形式的鼓励和刺激下，明初曾出现了割股卧冰等现象，洪武年间对此也进行了严厉禁止，但到永乐年间，却又死灰复燃。英宗时期同居共食五世以上，会得到封建国家的嘉奖。天顺元年七月十一规定："民间义夫节妇、孝子顺孙及同居共爨五世以上、乡党称其孝友者，有司取勘以闻即为旌表。"武宗时则有所限制："令举孝义，文武官及科目出身者，不得与官，给银三十两，付其家自树坊表。复其家二丁，百官有亲丧者，皆不得夺情，著为令。"到嘉靖三年又下诏令："已旌表年及六十的孝子，冠带荣身。"在《明实录》中我们可以看出，从明朝初期朱元璋开始强调推行嘉奖孝行的必要性后，一直到明代正统、景泰、天顺年间，是一个倡导贞节与孝行的活跃时期，平均每年或每隔几个月就要进行旌表，正德年间虽然有所减弱，但这种旌表活动在明朝从没有停止过，直到天启六年十二月仍在继续。同时《大明律》还规定："凡骂祖父、父母及妻妾骂夫之祖父母、父母者，并绞。"还规定："凡子孙违犯祖父母、父母教令及奉养有缺者，杖一百。"因此，在法律的严格控制下,所有不尊重父母的行为都会被按照罪行的轻重分别予以惩处,这就使传统社会中的孝道传播有了法律上的保障。孝本出于天性,但封建社会为了树立孝子的榜样,以旌表或免除徭役等作为诱饵,在一定程度上促进了各地超越常规的孝行和孝子的诞生。作为儒家文化的摇篮和发源地的明代山东尤为典型,具体表现如下:

首先,国家嘉奖的孝行对象。其一,以儒生为代表的孝子。如洪武十八年二月受到旌表的汶上县民侯昱,"事母甚谨,尝受业于东平州学,闻母病即谒告归省,昼夜侍汤药,衣不解带。母殁,庐于墓侧。寝苫枕块,蔬食水饮,旦夕哭奠如初丧日。三年后归。事闻,诏旌表其门曰孝子侯昱之门"。其二,以普通民众为代表的孝子,其孝敬对象不仅包括其父母,还包括其祖先。历城刘兴祖,"亲操畚锸,负土成坟,葬父母以上未葬之六祖,洪武二年下诏有司,旌其门并赐粟帛有差"。山东东昌府堂邑人赵岩,"母亡,奉父甚谨。家贫,常借贷衣食以供父,艰苦不使父知。父殁,合葬母墓。悲慕不已,建思亲堂于墓侧,图亲容奉之如生"。其三,有的孝子则祷告于上天,向天表达自己甘愿代替父母承受痛苦的愿望。济宁汶上马威,"父病焚香吁天,请以身代。父卒,朝夕号恸,不饮酒食肉,隆冬服单衣,露顶跣足。自负土筑坟,庐于墓侧,事闻旌其门曰孝行"。从明朝褒奖的这些对象来看,他们对孝道行为的理解,普遍表现在对待父母恭敬体贴、有疾病亲自侍候等方面。他们当时的行为是出于本能还是怀有某些动机,我们今天无法轻下断言,但是,毕竟被褒扬的孝子还是少数,我们不能因此就片面夸大政府褒扬的作用。不容否认的是,这些行为一旦得到国家的旌表,就会立刻成为群众所效仿的榜样,这对整个社会风气的引导和个人意识的培养等方面都有着极大的危害。

其次,行孝对象范围的扩大化。除了对自己的父母尽心尽责外，还扩散到了孝顺其他亲属，如伯父以及无血缘关系的继母等长辈。掖县人毛聚，为继母尽孝，有强盗扰民，人们都纷纷逃难，唯独毛聚照顾继母不离开，强盗问他原因，毛聚回答道：母在我在，岂敢自求活耶？强盗被他的孝行所感动，遂离去。

此外，在古代社会中孝顺父母并不是男性所独有的权利，也有一些女性以各种方式表达对父母的尽孝。明代临沂有王思义女王氏，"母病亲尝汤药，历久不懈，母死绝粒而亡，郡守州牧为之建坊，题其墓曰孝女墓"。有的以终身不嫁为代价而守孝，如沂卫镇抚房翱之女房氏，"正德元年，房氏年十六，选入京，习礼三月，闻父丧，诏命还家，独居终身，至七十有七而终"。有些女性在出嫁后，"善事翁姑，若翁姑病，则必焚香祈以身代，夜不交睫，衣不解带，且莫视食和药，夫妇跪捧盂以进，顾两尊人色稍和，退而相庆"。有些妇女甚至愚蠢地认为如果父母亲人患病是因为自己不够孝顺所导致的，这种想法何其愚昧和可笑！可见传统社会的孝行是受到多种心理因素所支配的，当然占主导地位的还是儒家的封建伦理纲常。

与国家的褒扬政策遥相呼应，地方官吏也积极采取了多种方式来宣扬孝行，促进了孝文化的传播，因此，我们可以说政府的提倡、地方官员的鼓励和百姓的响应共同促进了孝道文化的普及。

1. 士大夫的积极倡导。有的官吏积极为历史上有孝行的人立祠纪念，用以激励民众效法。如长山董孝子祠，在县南二十里，祀汉董永；沂州府孝友祠，在城北孝感河上，祀晋王祥王览；临清孝子祠在州治南，祀孝子郑兴等，明嘉靖中建；青州府有孝妇庙，祀齐孝妇颜文姜，后周建，成化十三年提学佥事毕瑜奏请载祀典，每岁秋七月镇颜神本府通判致祭。这些孝子、孝妇的孝道行为被广泛传诵，一旦得到民众的宣扬和扩散，他们的事迹就会在山东其他地区被人们普遍赞颂和效仿。对于给这些孝子孝妇建祠的目的，提学副使杨文卿曰："都宪公留意事神治民，有废必兴，有坠必举，而于此尤加意焉。盖所以敦崇政，本欲使世之几为人子者，咸知感慕以各孝其亲，以阜厚各俗。"除此之外，还有一些文人墨客为有孝行的人作诗题词颂扬。明朝一些官员在忠孝不能两全的情况下，甘愿舍弃官职去侍奉父母，如新城王之垣，嘉靖壬戌进士，官至户部左侍郎，自己因为要侍奉老母，把做官的机会让给家族内其他子弟，回家侍奉老母亲二十余年。

总之，无论是国家的褒扬还是来自民间的赞赏和仿效，其目的都是为了统治阶级稳定社会秩序的需要。我们不能否认国家及其地方士大夫的旌表活动在一定程度上有利于孝行在民众生活中的影响，但我们还应该看到由于明朝刻意用各种物质或精神的奖励作诱惑，使得各地出现了很多割股疗亲等不合常理的现象。洪武十八年青州日照民江伯儿，"母病许愿，若母亲痊愈杀子以祭祀，太祖大怒，命捕伯儿，谪海南"。对于出现这种愚孝行为的原因，除了学者们通常认为的与逃避赋役有关外，我们还应进行更深层次的剖析。孝道文化传播的原因，除了国家和地方上的嘉奖刺激之外，还与当时社会上各种教育方法和观念等息息相关。

2. 孝道行为传播的平民化。从民众接受孝行的途径来看，《孝经》、《二十四孝》等一直是孝道教育的最佳材料，如山东历史上鹿车载父的董永、卧冰求鲤的王祥等孝子形象一直被人们所传诵和效仿，同时一些孝子的形象被写进明朝的戏曲剧本，并搬上演艺舞台，使得孝道行为的传播更加平民化。前面曾讲述的例子如割股割肝、亲尝汤药等都是传统"二十四孝"故事的内容。此外，一些官员也把圣谕六言通俗化，更便于民众理解和模仿。据《高密张氏族谱》记载，其族人崇祯名臣张福臻，天启二年仲冬之际根据明太祖洪武三十年的圣谕六言撰写《俗解》一编，在孝顺父母一节中首先解释了为什么要孝顺的原因，其次，对于如何孝顺父母也给出了敬心诚意、和颜悦色去侍奉的答案，最后举出孝子董永等事例加以劝诫。歌曰："父母勤劳生此身，万般教养始成人。恩同天地应难报，孝顺如何不究心。"

3.孝道行为的神秘化。传统的孝行，为了达到让百姓接受和信服的目的，往往又被赋予了某些神秘意味，逐渐与普通民众的信仰相结合。益都王让，"事亲有孝行，尝庐墓致涌泉之应"。户部尚书东阿师逵，"少孤，事母孝。年十三，母疾危殆，思食藤花。菜地不尝有，逵亟出求，至城南二十五里得之。及归，夜已二鼓。道遇虎，逵惊呼天。虎舍之去，持菜归，母食之遂愈"。郯城儒学生郭秉，"父丧，庐墓负土成坟，疾风大雪墓旁草木禾稼无损，表其曰孝行"。由此我们不难发现，孝行已经被赋予了太多的神秘色彩，因果报应观念在民众心理中已经形成思维定势，甚至比国家的强制推行更有利于在民众中普及。

综上所述，明代孝道范围的不断扩大与孝道行为的愈演愈烈，台湾学者邱仲麟说："应该是中央政府与地方官员、士大夫群体以及宗教组织、民间文化彼此互动的结果，同时由于孝感观念融合了巫术、神化等信仰思想，它还是一个文化建构与文化动员的过程。"

古代社会由于文化和思想传播的途径很多，使得孝的意义逐渐延伸扩展，以孝为中心形成了许多中国传统文化。从国家来说，促进了国家养老制度和政策的颁布。明初朱元璋遵从礼制要求臣民百姓尊老爱幼，山东许多地方建立养济院收养孤寡老人。此外，国家还以物质资助等多种形式给予老人照顾。洪武二十二年春，山东兖州民李十四等年九十余，"依例月给酒三斗，肉五斤，岁加帛一匹，絮一斤，峄县民潘士文、李成年八十余，月给酒三斗肉五斤皆复其家"。同时官吏在举行乡饮活动时还经常邀请当地德高望重的老人参加。上述这些"老吾老以及人之老"的事例在一定程度上说明国家在大力弘扬孝道文化。从地方官员的行为来看，他们把孝顺父母当做教化民众的一个重要内容。乡约的主旨是惩恶扬善，孝与不孝已经成为评判和衡量人性善与恶的重要标准。从家族文化来看，孝已经成为其核心。孟子曾说："不孝有三，无后为大。"此后的学者对其解释是："于礼有不孝者三事，谓阿意曲从，陷亲不义，一也。家贫亲老，不为禄仕，二也。不娶无子，绝先祖祀，三也。三者之中，无后为大。"虽然第一条中强调要敢于指出父母的过错，与实际要求顺从父母的做法有些违背，但总体意义上和中心主旨上却没有丝毫改变。小家庭中的孝道行为已经成为大家族中的尊祖敬宗等观念的缩微体现，并且付诸实践。从民众的日常生活来看，为子须是能继父之善，乃谓之孝，孝成为子孙积德行善的标准。明代李东阳认为："人苟为善，则称之者必曰某父积德之报也，苟为不善，则祖父非不德，而人亦必摘指其疵。以我之善彰祖父之德，孝孰大焉？以我之不善，累祖父之德，不孝孰大焉？为人子孙者不可不省也。"在此，孝的意义已经上升到累善积德、扬祖声名的高度。李东阳又说："礼之不忘修君父之大仇也，君父者死矣。蕴愤乎重泉，不得言吐也。结恨乎壤台，不得而躬报也。其臣子者追之、念之、怆之、伤之、哭之、泣之，体其心而修其怨焉，伺瑕而动，乘间而举，忠孝之术也，苟不能矣，则志之心以终身焉。"古代社会向来宣扬血酬定律，即父仇子报，由此孝的意义也被延伸为一种复仇观念。虽然明朝法律明令禁止这种行为，但这种事情还是时常发生，例如宣德八年八月（1433），山东历城县謦民忿邻人詈其母，以头触詈者致死，按律斗殴杀人应绞，但皇上宽恕了他。在此情况下对复仇行为进行评价，我们很难说出其行为到底是合理还是合法。由此看来，孝文化在传统社会的发展中，其内容已经由传统的侍候父母、养老送终等内容，逐渐扩展到包含了所有合理不合理的尊老行为。

梁漱溟说:"举凡社会习俗、国家法律,持以与西洋较,在我莫不寓有人与人相与之情者,在彼恒出以人与人相对之势。"也就是说,中国的社会和法律皆重于情,在血缘关系为主导的古代中国,孝已经成为统治者教化民众的重要手段和工具。总之,孝道行为虽有其历史局限性,但孝顺是人的本性和义务,知恩图报是孝道的一种表现,它具有普遍性和合理性,因此,宣扬儒家孝道文化,并摒弃传统社会中的愚孝观念和行为,有利于在全社会形成尊老爱幼的良好风尚,在当今仍然需要继承和大力发扬。

三 明清时期以孝选官

宋元明清时期,是我国封建社会由鼎盛逐步走向衰亡的时期,专制主义中央集权进一步强化。这就要求封建国家必须为整个社会树立起"三纲五常"、"明天伦之本"的统治秩序。

宋朝是经过激烈的社会动荡之后重新建立起来的统一朝代,政府从维护封建统治秩序的根本目的出发,大肆宣扬"冠冕百行莫大于孝","上以孝取人,则勇者割股,怯者庐墓"。晋人王祥卧冰求鲤,三国时人孟宗泣笋等荒诞不经的愚孝故事,在此时都被当做孝道教材向人们灌输。由于政府的大力褒奖,孝道在宋代发展到登峰造极的地步,一时孝子辈出,孝行骇人听闻。《宋史·孝义传》载,太原的刘孝忠,母病三年,他不但割股肉,还"断左乳以食母";杨庆"母病不食",他就割自己的右乳"以灰和药进焉";吕生则在他父亲失明后,"剖腹,探肝以救父疾"。对这些行为,宋朝皇帝不但诏赐粟、帛,还亲自"召见慰谕"。不仅如此,宋朝法令还规定:"未葬亲不许入仕。"有的宰相甚至因此而被罢官。这时的孝道就显得太愚昧和不近人情了,不再是一种值得歌颂的美德,而成为人们的思想枷锁了。

元朝统治者对孝道的认识与宋代截然不同。孝道是农耕文明的产物，而游牧文化是分散流动的，父子之间的依附关系相对较弱，一般不会产生适应农耕文明的孝道。元朝统治者入主中原后，用游牧民族的眼光看待中原的封建伦理道德观念，并通过行政手段加以改造。在宋代被视为最高孝行的卧冰、割股、割肝等行为，在元代不但不予以褒奖，反而被明令禁止。据《元史·刑法志》载："诸为子行孝，辄以割肝、刲股、埋儿之属为孝者，并禁止之。"元朝政府对一般的孝行也采取冷淡处理的方式对待。这时，用以维护宗族等级制度的孝道一旦被破坏，家族纽带随之也就断裂了，孝道的核心内容在这时也发生了动摇，甚至遗弃父母的行为得到了法律的默认而不受处分。《元史·刑法志》云："诸父母在，分财异居，父母困乏，不共子职……亲族亦贫不能给者，许养济院收录。"元朝统治者站在游牧民族文化的角度，看出了孝的某些不合理性，并从政策上加以限制和明令禁止，在客观上起到了解放人民思想和精神枷锁的进步作用。

明朝建立后，朱元璋在"治乱世用重典"思想的影响下，诏谕臣民们要兴孝道，用"孝"来巩固皇权统治。朱元璋把孝看做是"风化之本"、"古今之通义"、"帝王之先务"，认定"垂训立教，大要有三：曰敬天，曰忠君，曰孝亲。君能敬天，臣能忠君，子能孝亲，则人道立矣"。朱元璋提倡孝的主要措施有自身率先垂范、提倡与教化、制定礼乐制度、政策支持与奖励等。洪武一朝，举荐要考察孝，科举要考察孝，选拔官员也要考察孝。洪武六年曾罢科举，举贤才，途径有贤良方正、孝悌力田、孝廉、耆民等。荐举一途，"由布衣而登大僚者不可胜数"。明朝对老人赐以布帛，授予爵位，还让他们参政议政、评论官员、受理民间诉讼、教化民众，以发挥他们的作用。明文规定80岁以上的老人由官府供养。由于明太祖的大力提倡，整个明朝都非常重视孝道。明朝12位皇帝统治的277年中，皇帝的庙号、谥号或陵名、孝字很多。如"孝陵"、"孝宗"、"孝康"，尊谥中的"至孝"、"达孝"、"纯孝"、"广孝"等。明太祖也常会为孝子授予官职。洪武六年（1373）二月，明太祖暂罢科举后，令有司察举贤才，其标准就是德本才次，"德"的内容中必然是包含孝的；洪武十五年（1382）复设科举后，明太祖亦曾下诏举孝廉，十八年（1385）十二月丙午，诏曰："朕闻古者选用孝廉，孝者忠厚恺悌，廉者洁己清修，如此则可以从政矣。其令州县，凡有孝廉闻乡里者，正官与耆民，以礼遣送京师。"由此看出，孝在明太祖心中是一条重要的选官标准。因此，不少人因孝得官，除上文提到的李德成外，沈得四、周琬亦是两个典型：沈得四因祖母、祖父病，先后割自己的股、肝作汤，于洪武二十六年（1393）被褒奖，授太常赞礼郎；周琬则因舍身代父受死刑，感动了明太祖，最终父免刑，自己也被授予兵科给事中。

清代统治者作为少数民族入主中原的君主，在刚取得政权时，不便于马上在汉人中提倡忠君，于是改而大力提倡孝，重视以孝道治天下。顺治皇帝曾经注过《孝经》。康熙、乾隆皇帝数次在宫内开设"千叟宴"。康熙还曾颁发"圣谕"，提倡孝道，敕令全国广为宣讲。他认为，帝王治天下要"首崇孝治"，"孝为万事之纲，五常百行皆本诸此"。清代法律规定，对于不孝甚至残害父母的，必须要予以严惩。另一方面则是表彰孝子。雍正时曾规定，如果犯死罪的罪犯是独子，且有父母需要赡养的，予以减刑。清代册封臣子的父母、祖父母及其配偶，也是一种提倡孝道的措施，具有弘扬孝道、鼓励敬老的意义。清代为了加强孝治，把汉代的"孝廉"和"贤良方正"两个科目合并，特设孝廉方正科。雍正元年（1723）诏直省每府、州、县、卫各举孝廉方正，赐六品服备用。以后每遇皇帝即位就荐举一次。乾隆五年，确定荐举后赴礼部验看考试，授予知县等官。

四　明清时期官吏的尽孝问题

在异地任官，如何尽到赡养家中父母的义务，是中国古代官吏们常常需要面对的一个问题。我们知道，古代社会以孝治天下，为官任职，乃尽臣子之忠，而赡养父母是尽人子之孝。这两者之间，有时难以兼顾。结合史料记载和历史事例，以明朝为例，看看明代是如何解决官吏为官与尽孝之间的难题。

一是将父母接到身边尽孝道。自古忠孝不能两全，事君与奉亲不得兼顾，直接原因在于官员往往在异地任官。自汉代以后，本地人不得在本地任职的地域回避制度逐渐形成，明朝继承并严格执行了前朝的地域回避制度。"国家用人，不得官于本省。盖为族间所在，难于行法，身家相关，易于为奸，故必隔省而后可焉。除医官、阴阳官、学官等，一律实行隔省为官。"隔省为官，任职多在千万里之外，此举造成孝子与父母在地域上的分离，彼此相隔遥远，音讯难通，侍奉双亲只能是一种空想。这不仅有违于儒家伦理道德观念，还使以孝治国的政治目的难以实现。那么解决官吏与父母两地分居的一个办法便是将父母接到官员任职的地方，父母就可以得到儿子悉心的照顾。受历史上移亲就养制度的影响，洪武初就有官吏移亲就养，与之相关的制度也相继颁布实施。洪武十七年，明太祖为了勉孝劝廉，诏许凡远在一千五百里之外者给予舟车，俾得迎养。洪武二十六年（1393）《诸司职掌·侍亲》规定："凡官员父母年七十之上，许令移亲就禄侍养。"后来的《明会典》亦准此制，明代移亲就养制度正式定型。明朝人极其重视移亲就养，如洪武十三年，西安府鏊县丞陈子都奔波三千里，迎其父母以就养。永乐时，云南左参政崔恂孝事其母,居官虽远必亲迎就养。句容县令徐居仁,上任旬月便慨叹"君禄不能逮其亲",遂"择日遣使,迎养其父。父子相聚,欢动颜色,邑之老少,聚观道路,莫不叹赏"。一些朝中大臣,像永乐时修撰罗汝敬之父、黄淮之父,天顺中李贤之父就养京师,得到朝廷的恩赐,一时传为佳话。移亲就养,阖家团圆,成就了一些官吏尽孝至极的私人生活。正德初,徽州知府熊桂把老母由江西迎养官邸,"朝必入省太夫人,而后出理公事。馔醑必躬执,公闲即怡怡侍侧,承颜顺色,弗少懈"。徐咸,海盐人。正德十二年春,徐咸任南京兵部主事,奉迎父母就养于南京。他的一些同僚也有迎养父母在南京的,时车驾主事徐晋的父亲82岁,武选郎中汤继元的父亲66岁,职方主事顾璁的父亲58岁,武库郎中欧阳铎的父亲64岁,考功主事王銮的父亲75岁,御史王以的父亲68岁,于是,这些父亲相伴而游,设宴于报恩、天界等寺,南京胜境无处不至,南都人传为佳话。诚然,移亲就养为明代官吏尽孝提供了一种方式和选择,但以移亲为手段,在操作中也存在一些问题,如路途遥远,舟车劳顿,年老体弱者难以承受。此外,年老之人往往安土重迁,难舍故里,加之水土不服,往往客死异乡,因此,许多老人不愿随儿子到外省去住。针对这种问题,明朝除了准许官吏辞职终养外,还对移亲就养制度加以改革,出台了与之相关的改授政策。

二是改授官职。改授政策旨在使官员任职之地尽量靠近其故乡,便于官吏侍奉父母。在倡导孝道的封建社会,此法其实早已存在。到了明朝,虽然仍严格执行任职的地域回避制度,但为了宣扬孝道,仍然会做出特殊的规定,准许需要尽孝的官吏在邻省或本省任职。顾炎武曾考证过,"唐朝人得罪贬窜远方,遇赦改近地谓之量移"。嘉靖元年八月,河南右参议徐文溥以母老乞休,抚按官上奏说,"徐文溥操持清慎,过早退休,不无可惜,乞量移邻近省分，以便迎养"。具体而言，改授官职的方式有三种：一种是地方官的调职。洪武四年，调河南府知府徐麟为蕲州府知府。徐麟乃蕲州广济人，太祖为照顾徐麟侍奉八旬老母，特别开恩准许他在原籍任官；焦芳，河南泌阳人，天顺八年进士，弘治初，焦芳任四川提学副使，此时他父亲81岁，母亲77岁。焦芳上疏称父母年老，路途遥远，不便于接养，要求辞官回乡尽孝，孝宗感念他曾在东宫侍讲的情分，调焦芳于湖广；姜昂，字恒俯，原籍太仓，任河南知府。他上疏称母亲年老，请求回到原籍任职便于尽孝，朝廷准许他调任宁波知府。在明朝历史上，像徐麟那样改任原籍的例子不多，大多数地方官还是会改调到邻省，这既符合选官的地域回避制度，又照顾了奉养双亲的孝道行为。任官所在地与原籍的距离缩近，大大方便了官员的探亲或迎养父母。

相对中央机构、地方州县的官员，教职只是一个职微权薄的闲官，手中的权力很有限，即使在本地任官也难以形成庞大势力。所以明朝虽严格执行异地为官的政策，教职却不在禁止之列。洪武间，定南北更调制度，南方人在北方任官，北方人在南方任官。其后官制确定，自学官一职外，其他官职都不能在本省任官，不再局限于地域的南北了。因此，一些人本不是教职，但为了解决尽孝和路远等问题，请求朝廷改授教职。这可视为第二种。永新人戴礼，永乐十三年进士，按照惯例，登进士者观政于诸司，然后授官。由于其母年高，他恳请就近教职以侍奉母亲，朝廷遂任命他为衡州府学教授。衡州距离永新不过五百里，戴礼就将家人接到衡州奉养。弘治元年，改除云南按察司佥事林淮为常州府儒学教授，以便他就近养母。林淮在奏疏中说："云南路远，母老不堪就养。辞官则家贫难供朝夕，置亲则无人可托。乞授以本处或附近府县学教授、教谕，以便养母。"万历时，漳州府学教授王启疆升彰德府涉县知县，仍愿改教职以便侍亲。像戴氏、林氏、王氏这样改授教职实际上是辞去显赫的官位而改任地位低的官职。明人刘球在朋友由通判改任教职时说："自通判而视教职，其位之崇卑，秩之厚薄，固然不侔矣。乃欲辞此以居彼，是岂利于富贵者之所能为哉？"父母需侍养，官员不得不辞高官厚禄而改任教职。这种不得已的行为恰恰彰显了孝道，所以改授的请求可以得到朝廷的同情和赞许。

还有就是北京官改南京官。这可视为第三种。原籍在南方或边远地区的京官要把年迈父母接到京师奉养，都要面临路远、父母年老等难题。为了能够孝养父母，通常的做法除了改授教职外，就是改授南京官或邻近原籍的地方官。例如正德十三年改国子监司业景赐为左春坊左中允，管南京国子监司业事，景赐上疏称母老，请求改官便养，朝廷准许；叶茂才，无锡人。"性至孝，痛母先逝，事父逾谨。万历十七年中进士，授刑部主事。三月，旋告改南迎养，遂得南京工部，榷税芜关。"汪循，休宁人，弘治九年进士，以无法尽孝担忧，想调任临近原籍地，以便于奉养双亲，被调任永嘉知县。徽州太守熊桂，江西新建人，在朝为官，无法将双亲接到京师奉养，遂辞去京官。正德初，熊桂力求补外郡便养，得徽州。无论是改南京官还是改为外僚，从仕途来看，都是一种委曲求全。

三是辞官回家尽孝。无论是迎养还是改授官职，都没有彻底解决明代官吏尽孝难的问题。迎养之难，一是任职的路途遥远，二是在就近地难找到合适的官缺，以至许多官员不能实现将父母接到身边奉养的愿望。因此，明朝政府在采用以上两个办法之外，还继续推行历史上的辞官终养政策，即允许官吏辞职回家照料年迈的父母，等到父母病愈或父母过世守孝期满之后，再补任官。明代的辞官终养之制初见于洪武三年（1370）二月，明太祖

于后苑见巢鹊卵翼之劳而思母子之恩,乃令群臣有亲老者,许归养。镇抚陈兴之母八十多岁,太祖赐白金、衣帽准其回家尽孝。在太祖看来,表彰个人的孝行有助于形成良好的孝风。官吏辞官回家尽孝,是孝道文化的个人实践,不仅可以解决官吏本人尽孝难的问题,还具有改良社会风气的功能。

从以上材料可以看出明朝官吏终养制度的一些关键要素:一是年龄限制。官吏的父母必须年满70岁,官吏才能提出辞职终养的请求。很多情况下,七八十岁的老人已日薄西山,很多老人生活不能自理,需要子女养老送终,回家尽孝的目的就在此。二是家中人丁不旺。提出终养请求的官吏,家中必须没有成年的兄弟、子侄。明人程敏政说:"皇明以孝治天下,凡廷臣之离亲久者许归省,亲老而无他子者许归养,著于令。"嘉靖初,户部侍郎邵宝疏请终养,他说自己无兄、无弟、无子,两世一身,形单影只,实在没有办法,所以他的请求获得批准。相反,如果官吏家中有其他可以尽孝的人,则不符合规定,还是不能辞职终养。如成化时河南人郝世瞻以有弟,例不得终养,最后以病假告归。嘉靖十三年(1534)后,明朝对终养官吏"家中有无余丁"作出了更为详细但也更为宽松的规定,如兄弟俱为官、兄弟有病不能尽孝、兄弟同父异母者,都被视作家无余丁,都会被准许辞官终养。三是吏部考核实情。吏部首先要对辞官终养的官吏进行复查审核,包括弄清楚该官吏的父母年龄、有无兄弟等情况,防止官吏以终养为名逃避任官。获得批准的官吏辞官离任后,吏部要报缺,并要备案,以便后备官员的替补。官吏在父母病愈或过世守孝期满之后,必须到吏部报到补官。辞官终养,在家的时间一般都比较长,少则三五年,多则十几年。邵宝在家侍养老母超过8年,才重新入仕。祁彪佳,天启二年进士,侍养归家居9年,母服终,召掌河南道事。如此漫长的辞官家居生活,给官吏带来了巨大的损失。经济上，失去了在职时的俸禄，原有的柴薪、养廉等收入也没有了，一些清廉之官会因此面临生活的窘境。如正德时御史陈茂烈以母老辞官，家贫难以赡养。政治上，在任时间会被累积，期满才可获得升迁，累积在职的时间显得非常必要。而辞官终养的时间按照规定都要扣除，不能累积，就难以获得升迁，可见辞官终养对仕途升迁的影响是不可估量的。与迎养、改职相比，辞官终养意味着要付出更大的代价，一般是在无法改职、迎养的情况下才迫不得已采取的办法，它对官员自身和家庭都会造成巨大的压力。有时一些官员孝心卓著，可以抛弃功名利禄，毅然辞官养亲，但家中父母却不愿意儿子为自己自断前程。从父母的角度看，儿子为官与辞官其实是一种矛盾，儿子辞官终养，能够解决父母年老、身边无所依靠的忧虑；另一方面，儿子离家为官，可以获得升迁，光宗耀祖，所以虽不愿意儿子离家任官，但心中也有一些自豪感。

需要注意的是，明代弘孝措施在发展过程中也出现了一些投机行为，有些官吏利用这些政策为自己谋取其他方面的利益。例如，改授近地，有可能使有些官吏以养亲为借口，逃避路途遥远的任职。辞职终养，表面上看是孝行的体现，实际上有些人辞职养亲的目的却不一定是出于尽孝，而是心怀鬼胎。最能凸现辞职养亲有功利性的就是因病而辞官。明朝规定，州县官如果长期患病不能任职，可以辞职回家调养，病愈后再出来做官。因此，一些外任官便在自己生重病时，以尽孝归养为由，辞职回家，既可养病，又能与家人欢聚，等到父母过世守孝期满后，按照终养规定，重返官场。总之，以上种种行为违背了孝道制度承载的社会责任和伦理原则，可以看作明朝官吏孝道行为的一种特殊情况，我们应当仔细辨别，从整体上研究明朝官吏养亲的问题。

第八章 以孝选官的批判性继承与其时代价值

一 批判性地继承孝文化

传统的孝道文化中的精华是值得发扬光大的,无论时代如何发展和进步,作为根源于人类血缘关系的"孝"都不同程度地发挥着重要作用。"孝"是中华民族的传统美德,是家庭幸福、社会和谐的道德基础,是构建和谐社会的重要组成部分。孟子曰:"人人亲其亲,长其长,而天下平。"今天,家庭同样是社会的最小细胞,家庭关系融洽,有利于整个社会的进步与稳定,是国家长治久安的重要保障。

其一,处罚不赡养父母的不孝行为。传统"孝"以养亲与敬亲为基本内容,孟子曰:"事,孰为大?事亲为大。"孟子把养亲和敬亲放在首位,不仅如此,还举出五种不孝的情况,孟子说:"世俗所谓不孝者五:惰其四肢,不顾父母之养,一不孝也;博弈好饮酒,不顾父母之养,二不孝也;好货财,私妻子,不顾父母之养,三不孝也;从(纵)耳目之欲,以为父母戮(羞耻),四不孝也;好勇斗狠,以危父母,五不孝也。"后两条要求高一些,既要做到赡养父母,又要做到不"纵耳目之欲",以为父母戮。做到赡养父母,又要求进一步修身养性,不"好勇斗狠,以危父母",使父母不但有经济基础的保证,还要排解父母精神上的担忧,从物质到精神都要让父母能安享晚年。子女应该担负起赡养父母的责任和义务,使父母晚年在物质上有最基本的保证,中国民间谚语"养儿防老"即此意。

敬老的法律精神是人能安享晚年。古人要求子女不仅要保证父母的物质需求,还要使父母在精神上愉悦。当今社会经常会出现众多儿女相互推诿不赡养老人,甚至抛弃年迈父母的事例,更有甚者,还有人对父母大打出手,这些有悖伦理的不孝行为让人感到不寒而栗。在现代社会中,老年人人口快速增长,人口老龄化已成趋势,需要国家法律的支撑和子女们的孝心,更需要尊老敬老观念的大力宣扬,目的是让老人有个幸福的晚年。"孝"是人间最崇高美好的情感,它的本质是亲情回报,是对父母养育之恩的报答,它的作用是提升人的道德,在家庭和社会中追求人际关系的和谐。另外值得一提的是女性,在家庭生活中的作用日趋重要,弘扬"孝"的精华,强化个人修养,处理好各种家庭关系,尤其要以公平平等的心态对待双方父母,这就需要女性奉献更多的孝心和爱心。

其二,传统孝文化中的负面影响。孝的理论在西汉中期"独尊儒术"后,作为立法的指导思想,同时以儒家的伦理去诠释法律。其负面影响有:"无违即孝",这是不论是非的盲孝。孔孟强调对父母无违,孟子说:"不顺乎亲,不可以为子。"是封建家长制和子女奴性的体现,妨碍了个人意识的发展,"孝莫大于严父,故父之所尊,子不敢不承,父之所异,子不敢不同",形成了世俗的"天下无不是的父母","子不言父之过"的错误观念。"无违即孝"压抑了人性,否定了子女的独立人格和自由意志、进取精神,将其禁锢在对父母绝对服从的伦理道德中。这种"父为子纲"的治国原则与指导思想,违背了人性,违背了自然人文规

律。长久下去，就会使国人丧失独立人格，丧失创新能力和必要的独立精神，这也正是谭嗣同、章太炎等人猛烈抨击的根本原因。时至今日，仍然有许多父母按照自己的意愿，对子女的未来进行安排，并强迫子女服从自己。汉代将孔子的"父子相隐"作为立法指导思想，若违背则诛杀，如西汉衡山王太子坐告父不孝，弃市。唐律规定："骂詈祖父母、父母者处绞刑，殴打则处斩刑。"这种绝对服从，阻碍了社会的正常发展，尤其封建社会将"父为子纲"延伸为"官为民纲"，即官不论大小，都是老百姓的父母辈，民为子民，所以民不能告官。试想，如果官吏的不法行为失去人民的监督，将会导致极大的危害。历次朝代更替都是一场空前的大破坏，严重阻碍了生产力的发展、社会进步与文明的传承。此外，古称"不孝有三，无后为大"。现在的科学研究证明，生男生女不是由女方单方面决定的，取决于夫妻双方，如果片面地把科学生育理论抛开，片面地认为是女方的责任，不仅是赤裸裸的重男轻女观念，也会冤枉无辜的女性。"七出"中规定"无子"的情况下男方可以休妻，这既不人道，也不道德。封建社会一直奉行"男尊女卑"的信条，强调男为阳是天，女为阴是地。地必须服从于天，这种用纲常观念看待男女地位的观点，无形中给妇女套上了沉重的精神枷锁，是极不人道也极不道德的。

孕育于农耕文明和宗法等级制度下的"孝"，几千年来一直是国家意志的体现，并已经成为中华民族传统文化的重要内容之一，其中既有合理性，也存在着糟粕，这就需要我们认真辨别，取其精华，弃其糟粕。孝道的价值在于社会的稳定、社会的和谐，让老人能安度晚年，有助于中华民族的伟大复兴。当然，我们也应当清醒地认识传统的糟粕在现实社会中的负面影响。

从社会层面来理解，孝属于道德规范的一个重要组成部分。

在弘扬孝道文化的过程中,既要关注与其密切相关的外部因素,又要认真把握好其内在机制,既要批判地继承历史文化中的传统美德,也要兼顾现代社会的新因素,这样做才不至于失去控制,也只有这样,才能使传统的孝道文化真正融入社会主义精神文明的建设中,建立起一个现代化的孝的伦理道德模式。

孝作为一种道德文化或道德规范,具有二重性,其中有糟粕、封建、保守的东西。如把无为看做孝,顽固守护已经过时的封建制度,而制约道德的新发展,把"三年无改父道"看成孝的表现,就具有严重的保守性,只按照固有制度处理事情,完全不顾外部环境的变化,否定社会的前进与发展,明显地已经不适应现代社会的发展需要。同时,"不孝有三,无后为大"的传统孝道文化与我们今天的计划生育国策也是相违背的。所以说,传统的孝中有许多内容和规定,悖逆人性,违背了历史发展的客观规律,是对人格的野蛮践踏,是对个人意识的蔑视,也是对人的进取心和创造精神的扼杀。

同时,我们还必须看到孝作为一种家庭或社会伦理规范,其中不乏精华,有许多值得肯定的东西。孝作为中华传统道德的重要内容之一,无论在观念上还是在行为上,对培养和塑造中国人的道德都有着重要的作用。传统文化中的孝表现为对父母或长辈尊敬的美德,而在此基础上引申出的尊老、博爱、礼让、节用等具有改良社会风气的重要意义。

综上所述,我们对孝不能完全否定,必须站在客观公正的立场上,以唯物主义史观来分析孝,摒弃其中保守、消极甚至反动的因素,同时汲取其合理、进步、有益的成分,为我们现代化的家庭伦理建设,为社会主义精神文明建设服务。

当前我国社会主义正处于重要的社会转型时期。对于这种转型,我们不能把它单纯的看成是一个简单的经济发展,而更应把

它看做是一种文化继承与发扬。因此，在涉及人与人关系的道德观与价值观也必须相应的改变，其中调整父母与子女关系的家庭伦理势在必行。

我们在现代家庭生活中，都强调儿女或晚辈要孝敬尊重父母、长辈，这不仅是必要的，而且也是有历史依据的。

首先，这个道德要求符合社会生产力发展的客观需要。恩格斯指出："根据历史唯物主义的观点，历史的决定因素，归根结蒂是直接生活的生产和再生产。"但是，生产分为两种：一方面是生活资料的生产，即满足社会发展所必需的工具的生产；另一方面则是人类自身的生产，即人类的自身繁衍。在历史上，家庭是人类社会生产的最基本单位，包括生活资料和劳动力的生产。当今中国，从改革开放至今，农村实行了家庭联产承包责任制，家庭的物质生活资料的生产职能，不但没有减弱，反而大大强化了。就人口的生产而言，现在与过去一样，家庭是基本的生产单位，将来恐怕也是如此。在家庭中，未成年的子女，需要由父母抚养、教育成人，而当父母年老体衰，失去劳动能力和生活自理能力时，就需要子女的赡养与扶助，这是一种互助的关系。从经济学意义上来说也是一种互利互惠。假如所有的儿女都不尽赡养和扶助父母的义务，那么天下的父母将会寒心，如果父母都不生儿育女，人类就面临绝种的危险。同时，如果劳动力严重缺乏，社会的生产也就停止了，人类的历史便随之终结。由此可见，赡养、扶助父母以尽孝心，完全符合社会生产力发展的客观要求。

此外，在改革开放建设如火如荼的当今，倡导孝敬父母也有其必要性。其一，孝敬父母，是当今社会所必需的。如今我们正处于并将长期处于社会主义初级阶段，社会生产力仍不够发达，依靠国家力量实现全民养老还不现实，这就意味着在很长一段时期内，赡养老人依然是子女在家庭生活中应尽的法律和道德义务。就算有朝一日生产力高度发展，养老的问题可以由社会来解决时，提倡孝道仍是非常必要的。目前我国面临着老龄化的严峻形势，赡养老人的问题必须高度重视。其二，倡导孝敬父母，是培养正确人性意识的基础。这些年来，我们在道德教育上，一直在强调爱祖国、爱人民。而要达到这样的道德要求，其基础应该是先做到爱自己的父母。每个人首先从爱自己的父母做起，然后推己及人，逐步做到爱天下的父母、爱天下的人。设想一个连自己的父母都不爱的人，怎么可能会爱天下的父母、天下的人呢？其三，倡导孝敬是人性的呼唤。实现让每一位孩子在父母的关爱中健康地成长，让每一位老人在儿女孝心的温暖中安度晚年，是我们迫切需要做到的。

因此，在新孝道文化的构建中，既要立足于当前社会发展的现实来构建合理合法的孝，给人以精神上的激励，又要给现实的社会孝道行为予以适当的规范和引导。而要做到这一点，就必须依据社会发展的目标和方向去构建一种人们能普遍接受的孝。倡导孝道有利于培养人尊老爱幼的道德情操。"夫孝，始于事亲，中于事君，终于立身。"如今的社会主义经济建设不仅要使国家强大、经济繁荣，还要注重对人的道德品质的培养。以孝为基础的人性主义、人本思想及仁爱精神的发扬，都属于社会正能量的范畴，是中华民族精神的光辉体现。

当今我们倡导构建和谐社会，实现经济的跨越式发展，而发展需要有一个稳定和平的外部环境，儒家的孝道文化作为中华民族的传统美德，数千年来一直在塑造着中华民族的民族文化和民族精神。孔子创建的孝文化对增强中华民族凝聚力，维护家庭社会稳定，和谐人际关系，起到了积极的作用，是中华民族的宝贵遗产。在封建社会，儒家这种"以孝治国"的思想虽然在某种程度上束缚了人的个性发展，否定了个人的自由和人格独立，应当抛弃，但是我们更应当批判地吸取儒家孝思想中的精华成分，正本清源，营造出一个和谐的社会氛围，推动社会经济的稳定发展。

二 孝文化的时代价值

人之所以为人，高于其他动物之上，除了其自然属性比动物要高级外，就是人类能够运用"孝"这种伦理道德，对老人尽孝，使老人能够安享晚年。孝的道德，对于老年人来说犹如一轮光明的太阳，给人以希望，给人以温暖，给人以幸福。一个社会如果不提倡孝道文化，那么这与动物有什么区别呢？孟子云："无君无父，禽兽也。"可以说，孝道在一个社会中能否得到重视和执行，是这个社会文明程度高低的重要标志。

孝道，不仅仅是老年人幸福生活的保证，也是一切人幸福的保证。整个社会中，人人都需要孝的温暖，因为人人都会有年老体衰的时候。如果孝道在一个社会中得不到提倡和发扬，形不成一种道德规范和风俗，那就不仅仅使过去的和现在的老年人得不到孝的温暖，就是将来的老人也享受不到，同时人人都得不到这种幸福。所以，我们提倡孝道文化，实际上就是爱我们自己。

传统的孝道文化，是在奴隶社会和封建社会时期建立、完善和发展起来的，是为当时的统治阶级服务的，有其落后和消极的内容，需要我们批判、删除和革新。当今中国，正在逐步进入老龄化社会，而且独生子女数量在人口中已占到相当大的比例，并会越来越多，从目前的社会状况出发弘扬孝道，对于人际关系的和睦、社会的稳定、养老事业的发展和老年人的晚年幸福都有重大的现实意义，甚至对我们国家来说都有重要的战略意义。因此在今天，孝的道德和精神是绝对需要继承和发扬的，我们必须重视和大力弘扬，孝的社会作用一定会发挥极大的影响。

在我们今天的社会生活中，因为孝道文化和孝道意识的淡漠而引发的矛盾和纠纷层出不穷：子女虐待老人；因赡养问题父母与子女对簿公堂；子女殴打老父老母甚至弑父弑母的骇人听闻、丧尽天良的恶劣事件时有发生，这极大地阻碍了我们的社会主义精神文明建设，甚至影响到了我们社会的稳定。这决非故意夸大孝的作用和功能，而是一个不容忽视的事实！先圣云："忠良出孝门。"一个连自己的爹娘都不孝顺的人，他怎么可能去真心地爱他人、爱社会，如何能够勇敢地担负起时代所赋予的责任呢？

孝与慈，是国人的基本道德规范。慈指的是父母对儿女的责任和义务。在独生子女时代，父母的慈达到了登峰造极的地步，对孩子是捧在手里怕摔了，含在嘴里怕化了，唯恐自己的孩子受一丝一毫的委屈，心甘情愿让孩子做皇帝，自己做奴隶，甘愿代替孩子承受所有的痛苦与不幸，恰恰是这种畸形的慈爱，使孝这种民族道德规范，在日益发达的物质生活中蜕化变质，向着相反的方向演化、转变。面对现实，加强孝的教育，已刻不容缓。传统的，就是根本的；民族的，才是世界的。因孝而产生的个人行为和社会功效，是千百年来维系中华文明绵延不断、长盛不衰的根本原因之一，它已经成为我们中华民族的道德基础。世界各地华人回大陆省亲或寻根，也是传统道德中孝道文化的体现，这在世界上是独特的一种民族文化，令其他国家和民族艳羡不已。

在中华传统文化中，孝是一切美德的根本。一个人对生养自己的父母都不爱，怎么可能真诚地去爱他人呢？所以，对父母尽孝是做人的根本。如何在当今中国进行孝的道德教育，是一个现实课题。文化的力量，深深融入到民族的生命力、创造力和凝聚力之中，加强社会公德、职业道德和家庭美德教育，特别要加强青少年的思想道德建设，引导人们在遵守基本行为准则的基础上，追求更高的思想道德目标。道德在于教化，一种道德的形成和发展需要一个曲折复杂的长期发展过程。但今天经过社会的大变革，经过改革开放过程中西方文明观念的冲击，被公认为是我们民族传统道德根本的孝道文化，被忽视和冷落。我们学校的德育课，往往是一些不切实际的泛泛说教，严重缺乏具体的贴近人性的教育，把德育与人性的基本道德要求割裂开来，老师讲着空洞的内容，学生无法得到真正的孝道文化的熏陶，中国青少年失去了中华民族最基础的伦理道德观念。如果当今我们的孝道教育确切有效，使学生们懂得了慈的伟大，理解了孝的神圣，他们就会自觉主动地奉行孝道文化。

道德不是法律，没有很强的强制力，但有时道德的力量比法律的力量更强大。孝作为中华民族传统美德的基础，应该还原其本来面目，给予其应有的崇高地位，并发挥其应有的社会功能，为中华民族的伟大复兴，为我们未来的幸福生活服务。

忠孝观念在中国历史中一直是非常重要的道德内容。只是到了20世纪，从"五四"运动到"文化大革命"受到不同方式的批判，发生了一定程度上的扭曲和衰落，但在百姓思想中仍然根深蒂固，深入人心。孝道文化必须要深入研究，发掘其中的合理成分，经过改造，让它重新焕发青春活力，为新社会新时代贡献巨大的作用。孝是家庭和睦的基础，是和谐社会的重要组成部分，也是世界和平必不可少的道德规范。当有人问舜为天子，其父杀人，舜该如何处理时，孟子说："舜视弃天下犹弃敝蹝也。窃负而逃，遵海滨而处，终身欣然，乐而忘天下。"舜对权力的放弃就像扔掉破草鞋一样，他会偷偷地背着父亲逃到海边隐居起来，终生与父亲相处，快乐过日子，忘掉天下。这里将孝顺父亲看得比获得天下还要重要，宁可放弃天下，也不能放弃父子之情，这就是孝。孟子在这里强调孝的重要性，认为掌握天下大权没有孝心重要。但是，现在的腐败分子并没有将掌握天下大权放在孝心之下，也没有人辞职带着父亲隐居，去过贫困的日子，而只有带着妻子或情人，带着贪污来的不义之财，逃到外国去享受。儒家虽然也讲"大义灭亲"，往往只是长辈灭晚辈的亲，而没有子女灭长辈的亲。因此，荀子说"从义不从父"，还是很值得我们借鉴和学习的。义大于亲，一呼百应，唯唯诺诺，看似上下一致，万众一心，实则暗藏矛盾，时间一长，矛盾逐渐扩大，一旦爆发，局面就不可收拾。掩盖矛盾，表面上风平浪静，却是极其危险的。我们讲以德治国，也讲以法治国，有时这两种观念会产生矛盾和碰撞，这个时候如何抉择？答案就是坚持义为先的观念。这个课题很大，需要深入研究，也的确值得我们研究。

人与人之间的关系不应该是冷冰冰的，而是需要人情味儿，那么，这个人情味儿就应该来源于孝。如果一个人对于养育自己的父母尚且不孝，又怎么相信他会对其他人有爱心呢？一个没有爱心的社会是多么得可怕！孝道文化必须提倡和大力弘扬，特别是对未成年人的教育，这是最基础、最根本、最重要的内容。父慈子孝，是和睦家庭的基础，和睦家庭是和谐社会的组成因素，和谐社会是和平世界的必要保障。孝是建设幸福人生的重要组成部分，是天经地义的。

1. 现代社会仍然应该重视提倡孝道文化。我国传统的孝道意识之所以产生并不断发展，有着特殊的历史根源，那么现代社会还需不需要提倡孝呢？答案自然是肯定的，原因在于：

首先，现实社会面临问题的严峻性。在当今社会，由于人均寿命不断延长，人口老龄化的问题已经成为21世纪中国面临的一大挑战。我国已经进入老龄化社会，养老问题已成为整个社会的重大问题。面对未富先老的未来局势，我国当前的经济发展水平还不足以完全解决老年人的生活物质需要，这就决定了家庭养老仍然是社会养老体系的最主要方式。而如今社会中，许多年轻人对孝敬老人采取漠视的态度，或者错误地认为孝道就是封建道德糟粕，不需要继承和发扬，少数人甚至以不孝为荣，这种观念和趋势的发展值得警惕。面对着日益加快的老龄化进程，重振孝道迫切而必要。

其次，目前中国社会中有这样几种现象令人担忧：第一，剥削父母，即啃老。子女把父母一辈子省吃俭用的积蓄甚至退休金都肆意挥霍；第二，不赡养父母。子女互相推诿，致使老人孤苦伶仃、无家可归；第三，虐待父母。把父母当成驱使的奴婢，稍不顺心就打骂父母，父母终日胆战心惊。另外，有些人不思上进，游手好闲，变卖家财，作奸犯科，成为社会的蛀虫，让父母为之忧虑痛心，等等。还有一种变态的社会行为和风气就是在父母生前不孝敬，等到老人死后却大办丧事，大摆排场，以炫耀自己的能力和地位，这是对传统孝道文化的歪曲和亵渎！当今社会，儿女婚后大都不与父母住在一起，日常的问安请示、嘘寒问暖严重缺乏，这使得我们客观上远离了父母身边，越来越难于就近关怀和照顾父母了，因此，这就更要求我们自己应该对父母给予较多的关怀和爱心。

再次，我们说过，强调子女对父母的义务和关怀，实际是一种对自己付出不足的弥补，是对子女父母双方之间感情天生不平等的一种自我调节，同时，正是在这种调节中显示出文明和道德的力量。无论我们怎样崇尚竞争、高效率、快速发展和飞跃式进步，但不能说明我们很享受它所带来的一切后果，我们能否做到在百忙之中抽空看望父母，尽尽孝心呢？能否让父母感受到真正的天伦之乐呢？

最后，尽孝也涉及传统道德。虽然我们已经进入了现代社会，但古老的传统道德仍具有极大的现实意义。我们仍然要重视我们的传统道德，其中就包括孝敬的内容。尊重不仅是因为这传统来自我们的祖先,更因为我们借助传统的力量,能更好地把握现在和开创未来。我们身上流淌着祖先的血,违背祖先的正确伦理道德只会带来我们难以承受的苦痛和折磨。当然,这种对传统的尊重绝不是要求我们对传统道德观念全盘接受,而是需要注入理性的因素,进行符合时代发展要求的改进。

2. 现代社会应该如何尽孝。现代观点认为,现代人尽孝应建立在对中国与西方、个体价值与社会价值、传统与现代三对关系范畴的正确认识之上。

(1) 中国与西方对孝的概念的不同理解。在西方,孝不是主要体现在子女对父母的行为之中,而是更多地体现在宗教文化中。父母有抚养孩子的义务,但孩子并没有强制性的赡养老人的义务。西方文化所宣扬的有独立才有尊严的思想,使得在西方社会中,尽孝的意识很淡漠,子女成人之后,均选择离开父母过自己独立的生活,而有些老年人在处境困难时也不愿向子女伸手。这种文化观念决定了西方大多数老人认为赡养老人是政府的责任,同时也应承担起自我养老的责任。这使得西方社会发展出了一套较为完善的养老保障体制和制度,以解决老年人生活中的种种困难。如陪老年人聊天、带老人看病、帮老人购物、为老人咨询等服务。而在东方,尤其是在中国,孝主要体现在子女对父母的行为和态度上,孝文化是中华文化的一个重要组成部分,其在维护亲情方面具有独特的作用。在中国,几千年以来,一直是家庭养老和子女养老,子女与父母体现为反哺关系。因此,由于中西方拥有不同的孝文化观念,子女与父母之间的关系存在着巨大的差异,所以我们应在尊重本民族文化传统的基础上来构建我们当今的孝道文化。

(2) 孝的个体价值与社会价值。所谓孝道,就是以孝为本的道德规范,是奉养父母的品行。狭义的孝是赡养父母,即父母年老体衰后失去劳动能力，子女要主动侍奉父母，使他们得以安度晚年。广义的孝指奉献社会，即做一切事情要合乎整个社会的道德规范，能得到社会舆论的称颂，使父母在精神上获得安慰和满足，实际上，孝道涉及子女的整个行为。而传统孝道更偏重于讲孝的社会价值，也就是广义的孝。

在改革开放的今天，对个人价值的肯定已经渗透到社会生活的方方面面，在家庭中当然也不例外。因此，过分强调孝的社会价值显然已行不通，我们的出路就在于对孝的个体价值与社会价值进行分离，使孝亲仅仅作为一种子女对父母的爱，只在家庭中起作用，使之回到个人伦理的范畴中来。在家庭道德建设中，重视孝道的教育，在后代的心中种下亲亲尊尊的种子。这样做既可以为家庭道德建设打下坚实的基础，也可以为社会的稳定和发展作出积极的贡献。

（3）传统与现代对孝的不同理解。传统孝道中的一些弊端显而易见，如郭巨埋儿以及割股尝秽等孝行，在今天看来已不符合我们的现代观念了。至于把孝与忠进行联系，在今天就更行不通了。"父母在，不远游，游必有方"，这是封建王朝统治下的传统观点，在高速发展和高度发达的今天，我们已经有很多选择和方式来实现尽孝，例如电话、电子邮件、网上交流或者更为高级的交流方式已经基本可以满足子女对父母实现嘘寒问暖的需要。再如"不孝有三，无后为大"的观念，在当今也不适应社会发展的需要了，我们现在提倡的是男女平等。另外，把孝当成是子女必须对父母百依百顺也是错误的理解，是对孔孟观点的曲解，等等。

尽管传统的一些东西在今天已不再适用，但传统孝道提倡的养亲、尊亲、敬亲的思想，在我们今天仍具有重要意义，我们应当批判地加以继承和发扬。对于赡养父母来说，仅有养是远远不够的，敬亲是子女对父母内心感情的自然流露，是一种感情的需求，体现了人类文明的层次和高度。只有对父母又养又敬，才能使人类区分于动物。养亲与敬亲，是相辅相成的两个方面，二者缺一不可。在新时代，青年人如何尽孝，也是整个社会都在关注的一个问题，按过去"二十四孝"的标准来要求现在的青年显然已不合适，有些愚孝的做法更是不可取的。在满足老人物质生活的同时，尊重他们，多与他们沟通，让他们在精神上感到愉悦，这应成为当代青年尽孝的标准。也就是说，在当今社会，在老年人的物质生活需求基本得到保证的情况下，更应该从精神上、感情上尊敬关心老人，丰富老人的精神生活，密切与老人的感情联系，使老人得到精神上和感情上的慰藉，不让他们陷入孤独与绝望，失去温存感、安全感和幸福感。

另外，尽管社会养老能否真正实现和被大多数人所接受的问题在当今社会仍存在着一些争论，但不可否认的是，社会养老将是人类社会物质文明和精神文明发展到一定阶段的必然结果。同时，对于现代社会中不同年龄层的人对孝的含义的理解和接受程度的不同，我们也应表现出最大限度的理解和宽容，毕竟不同年龄层次的人所具有的价值观及面临的人生际遇不同。对老年人而言，文化基因中孝的观念早已根深蒂固了，其表现可能是顺从；中年人定义为家庭和睦，把孝当做一种途径，其表现可能是哄老人开心；青年人则注重内心体验，由爱而孝敬，其表现可能是尊敬。

那么，如何确保孝的实施呢？个人认为，首先要重视教育。因为虽然孝的伦理观念具有自然或血缘的基础，孝的意识在一定意义上来自于人的天性，但是仅仅依靠天性，是不能使孝道文化得到弘扬的，还需要后天的教育与培养。从现代社会心理学的观点来看，人们的社会态度和社会行为都是经由学习和社会化的过程而形成的，孝道作为一种社会态度和社会行为也不例外；其次，要提倡与法律约束相结合。

随着改革开放形势的发展，我国家庭养老的功能有日益削弱的趋势，传统的孝道观念也开始淡化，各种不孝行为的事件也不时发生。在这样的情况下，弘扬传统的孝道文化，积极倡导尊老、敬老、爱老的传统美德，具有极其重要的现实意义，我们每个自然人都必须从自身做起，从身边做起，从爱我们的父母做起，真正把传统文化中的孝道传播到社会的方方面面，让孝道文化在我们的现代社会土壤上生根发芽、焕发青春，这样，我们的和谐社会的构建进程才能大大加快，我们中华民族的伟大复兴将指日可待！

参考文献

1. 陈茂同：《中国历代选官制度》，昆仑出版社，2013年。
2. 罗义俊：《孝与中国社会》，上海书店出版社，1994年。
3. 宁业高、宁业泉、宁业龙：《中国孝文化漫谈》，中央民族大学出版社，1995年。
4. 康学伟：《先秦孝道研究》，吉林人民出版社，2000年。
5. 肖群忠：《孝与中国文化》，人民出版社，2001年。
6. 张云风：《漫说中国孝文化》，四川人民出版社，2012年。
7. 肖波编著：《中国孝文化概论》，人民出版社，2012年。
8. 肖群忠：《论"百善孝为先"——孝在传统伦理文化中的地位及其与诸德之关系》，《甘肃社会科学》，1997年第5期。
9. 陈乔见：《论孝与仁义礼智的关系——兼谈儒家孝道与公私生活》，《孔子研究》，2011年第4期。
10. 康怀远：《孝道说略——兼论先秦儒家对中国孝文化的贡献》，《重庆教育学院学报》，2012年第1期。
11. 李凤岐、王嵩：《浅谈先秦的选官制度》，《行政论坛》，1997年第5期。
12. 王波：《浅析中国古代选官制度的积极因素》，《黑河学刊》，2011年第9期。
13. 黄修明：《中国古代"孝治天下"的历史反思》，《西南民族大学学报》（人文社科版），2006年第4期。

14. 黄修明：《中国古代以"孝"选官考论》，《历史教学问题》，2004年第6期。

15. 肖群忠：《儒家孝道与当代中国伦理教育》，《南昌大学学报》（人文社会科学版），2005年第1期。

16. 安作璋：《说"孝"》，《山东师大学报》（人文社会科学版），2003年第5期。

17. 罗国杰：《"孝"与中国传统文化和传统道德》，《道德与文明》，2003年第3期。

18. 黄修明：《论中国古代"孝治"施政的法律实践及其影响》，《西南民族学院学报》（哲学社会科学版），2003年第1期。

19. 巴丽云：《传统"孝"的伦理与现代社会》，《内蒙古师范大学学报》，2003年第5期。

20. 李少玉：《传统法律里的"孝"文化述略》，《湖南工业职业技术学院学报》，2010年第3期。

21. 秦海滢：《传统孝文化的传播与外延——以明代山东为研究对象》，《济南大学学报》，2006年第1期。

22. 马国华：《从"哀毁"到"匿丧"——论古代官员对丁忧态度的变化》，《河北经贸大学学报》，2008年第1期。

23. 郑晨寅、汤云珠：《黄道周与孝经的历史遇合》，《孝感学院学报》，2010年第5期。

24. 赵克生：《老吾之老：明代官吏养亲问题探论》，《史学月刊》，2008年第2期。

25. 焦为民：《历代选官制度的启示》，《开封大学学报》，1995年第3期。

26. 侯润珍：《略论中国古代的孝治》，《吕梁高等专科学校学报》，2009年第3期。

27. 李天姿：《论"孝"的社会内涵和时代价值》，《焦作工学院学报》，2003年第3期。

28. 杨振华：《论宋朝孝文化发展的特征》，《南昌航空工业学院学报》，2005年第4期。

29. 曹方林：《论孝的起源及其发展》，《成都师专学报》，2000年第3期。

30. 黄修明：《论中国古代儒家孝道政治观念中的"人臣之孝"》，《中华文化论坛》，2003年第3期。

31. 赵克生：《明代文官匿丧与诈丧现象探析》，《东北师大学报》，2006年第2期。

32. 余新忠：《明清时期孝行的文本解读——以江南方志记载为中心》，《中国社会历史评论》，2006年第7卷。

33. 王璋、高成新：《明太祖孝治政策初探》，《中共山西省委党校学报》，2008年第6期。

34. 黄修明：《儒家孝道的等级分层及其施政影响》，《天津师范大学学报》，2008年第6期。

35. 黄修明、陈勇：《儒家忠孝伦理在古代官场政治实践中的矛盾与冲突》，《江西社会科学》，2008年第10期。

36. 魏开方：《试论中国传统选官制度的基本特征》，《长白学刊》，2002年第5期。

37. 陈筱芳：《孝德的起源及其与宗法政治的关系》，《西南民族学院学报》，2000年第9期。

38. 周桂钿：《孝的历史意义与现代价值》，《中共宁波市委党校学报》，2008年第5期。

39. 张丽红：《孝意识产生的根源及其现代价值》，《广西商业高等专科学校学报》，2004年第2期。

40. 计志宏：《中国传统孝文化的内涵特征及社会功能》，《前沿》，2010年第10期。

41. 李锦全：《中国古代"孝"文化的两重性》，《孔子研究》，2004年第4期。

42. 齐惠：《中国古代官员致仕制度的法学分析》，《内蒙古大学学报》，2005年第6期。

43. 黄修明：《中国古代仕宦官员"丁忧"制度考论》，《四川师范大学学报》，2007年第3期。